潜能

贝尔超越自我激励法

[英]贝尔·格里尔斯 著

刘屈雯曦 译

A SURVIVAL GUIDE FOR LIFE

金城出版社
GOLD WALL PRESS
中国·北京

图书在版编目(CIP)数据

潜能：贝尔超越自我激励法 / (英) 贝尔·格里尔斯著；刘屈雯曦译. -- 北京：金城出版社有限公司，2024. 8. -- ISBN 978-7-5155-2647-8
Ⅰ. B848.4-49
中国国家版本馆CIP数据核字第2024K11D10号

Copyright © Bear Grylls Ventures, 2012
This edition is published by arrangement with Peters, Fraser and Dunlop Ltd. through Andrew Nurnberg Associates International Limited Beijing
Translation copyright © 2024, by Gold Wall Press CO., Ltd.

潜能：贝尔超越自我激励法
QIANNENG: BEI'ER CHAOYUE ZIWO JILIFA

作　　者	(英)贝尔·格里尔斯
译　　者	刘屈雯曦
责任编辑	张纯宏
责任校对	王秋月
责任印制	李仕杰
开　　本	710毫米×1000毫米　1/16
印　　张	12.75
字　　数	158千字
版　　次	2024年8月第1版
印　　次	2024年8月第1次印刷
印　　刷	鑫艺佳利（天津）印刷有限公司
书　　号	ISBN 978-7-5155-2647-8
定　　价	49.80元

出版发行	金城出版社有限公司　北京市朝阳区利泽东二路3号　邮编：100102
发 行 部	(010) 84254364
编 辑 部	(010) 64391966
总 编 室	(010) 64228516
网　　址	http://www.jccb.com.cn
电子邮箱	jinchengchuban@163.com
法律顾问	北京植德律师事务所 17600603561

本书为我三个儿子所作：杰西、马默杜克和哈克贝利。

生活有时候非常艰难，但是我希望本书可以成为你们朝梦想努力前进的指南书。人生短暂且珍贵——大胆去追，亲爱的你们。

我深爱着你们，并且为你们感到骄傲，直到永远。

并且

谢谢你，我美丽的莎拉，你是我的依靠、挚友和力量之源。我们在一起就是一支坚不可摧的队伍……

目　录

PART 1　潜能：成就一切　　　　　　　　　　001

　　认识你自己　　　　　　　　　　　　　　003
　　不经受真正的考验，可能永远无法将潜能唤醒　006
　　一丝余烬就能点燃潜能　　　　　　　　　008
　　在自然中发现与生俱来的能力　　　　　　011

PART 2　激发潜能：梦想　　　　　　　　　　015

　　梦想孕育着无穷的能量　　　　　　　　　017
　　梦想要经得起流言的蛊惑　　　　　　　　019
　　专注于目标而非金钱　　　　　　　　　　021
　　信仰是梦想的指路明灯　　　　　　　　　023
　　说"Yes"而不是"No"　　　　　　　　　　025
　　舍与得　　　　　　　　　　　　　　　　028
　　千里之行，始于足下　　　　　　　　　　030

PART 3　塑造自我（Ⅰ）：勇敢　　　　　　　033

　　面对恐惧时，勇敢能让我们做出有效反应　035
　　有所畏惧，才能无所畏惧　　　　　　　　037
　　小心谨慎毫无意义　　　　　　　　　　　039
　　大山会赐予勇者力量　　　　　　　　　　041

PART 4	塑造自我（Ⅱ）：积极	043
	成为你认识的人中最具热情的那个	045
	不要消极做事	048
	要想得到，必须首先给予	050
	不要庸人自扰	052
	停止"尝试"	054
	生死在舌头的权下	057
	痛并快乐着	059
	学会制造动力	061
	不要和消极的人做朋友	064

PART 5	塑造自我（Ⅲ）：行动	067
	专注目标	069
	保持健康	073
	轻装上阵	076
	埋头苦干	080
	要么不干，要么干好	082
	切勿想当然	084
	随机应变	086
	善于创造	088
	相信直觉	091
	自力更生	094

目 录

| PART 6 | 塑造自我（Ⅳ）：领导力 | 097 |

　　让专家做顾问，而不是将军　　　　　　　　　099
　　学会聆听　　　　　　　　　　　　　　　　　101
　　不要以社会地位来判断人　　　　　　　　　　103
　　自嘲而非嘲笑别人　　　　　　　　　　　　　105
　　对别人的谈论反映最真实的自我　　　　　　　107
　　让别人闪光　　　　　　　　　　　　　　　　109
　　学会换位思考　　　　　　　　　　　　　　　111
　　没人在乎你懂多少，而在乎你在乎他们多少　　113
　　挑选善良的人做队友　　　　　　　　　　　　116
　　领导力的秘密　　　　　　　　　　　　　　　118

| PART 7 | 突破自我：逆境 | 121 |

　　舒适会让潜能沉睡　　　　　　　　　　　　　123
　　走出舒适坑，保持适度紧张　　　　　　　　　126
　　逆境是唤醒潜能的最好时机　　　　　　　　　128
　　危机 = 危险 + 机遇　　　　　　　　　　　　130
　　危险越大，成功越大　　　　　　　　　　　　132
　　在至暗时刻闪耀光芒　　　　　　　　　　　　134

PART 8	超越自我：坚持	137
	往前多迈一步	139
	拥抱失败	141
	未曾摔下马背就永远成不了骑手	144
	不要沉湎于曾经的错误	146
	若身处地狱，就坚持向前走	148
	坚持到底，笑到最后	150
	永不言弃	153
PART 9	掌控潜能	155
	活着，就是最好的礼物	157
	谦卑是成功的核心	159
	学会感恩	161
	控制本能	163
	别让金钱的驱动无法控制	165
	给永远比拿愉快	168
	爱不需要等到有钱的时候	171
	传递爱，传递正能量	173

PART 10　引爆潜能的法则	177
5F 法则	179
童军 4 原则	181
三种关键品质	186
一个核心要点	189

结　语	191
破碎的罐子才能折射更多光芒	193

PART 1
潜能：成就一切

认识你自己

> 认识你自己是如此重要：它能帮助你做出一些决定，使你活得更开心，你会发现自己所追寻的事物忠实遵从你的本性。

在古时候，世界上最神圣的地方是古希腊中部一个叫德尔斐的圣哲之地。国王们、勇士们、使者们千里迢迢聚集于此，听取先哲的神谕。

在德尔斐神庙的高门上，镌刻着一句简短的铭文，迎接着每一位来到此地后疲惫不堪的参观者：

认识你自己。

这句简单的箴言被视为人人都该懂得的最重要的真理。要想理解先哲箴言之于你的意义，你必须先了解自己。

这是很容易理解的事情，如果我们无法了解自己的想法、自己的梦想、自己的优势和劣势，我们如何去触及渴望达到的高度呢？那样的话我们只不过是一叶随波逐流的扁舟而已。

这就是为什么认识你自己如此重要：它能帮助你做出一些决定，使你活得更开心，你会发现自己所追寻的事物忠实遵从你的本性。

那么，该怎样认识你自己呢？

第一种方法，多花点时间独处——只有自己一人——排除所有外界的影响，那些来自朋友和家人的、可能干扰你倾听自己内心渴望的影响。给自己一点时间，倾听内心的声音，而不是让其他人来左右你，成为别人希望你成为的样子。

我相信，家人给你的建议都是出于对你无私的爱，但是，这并不意味着他们关于职业和志向的建议真的适合你。

这是你自己的生活。请大胆一些，朝着你感兴趣的方向前行，有活力有目标地活着。倾听你的内心，追寻梦想。你会发现自己拥有一些核心的能力，有一些天生就擅长的事情。发现这些能力，并且加以培养。你的目标、梦想和志向常常与核心能力是一致的。

套用《圣经》上的话：

你是奇妙和力量的创造。

换句话说，你擅长做某些事情绝不是偶然的。

第二种认识自己的方法是测试自己。把自己扔进多个新的挑战中，给自己布置艰难的任务，去找寻什么让你有活着的感觉，去挖掘自己究竟擅长什么。

攀爬珠穆朗玛峰之前，我曾尝试攀登一座叫阿玛达布朗的山峰。阿玛达布朗峰同样位于喜马拉雅山脉，是一座攀登难度很大，需要有攀登技巧才能登上的山峰。在那儿的许多个星期里，我戴着耳机独自攀登，全身心投入每一次抬脚踏步、每一次握紧绳索的动作。

我与我的灵魂融为一体，我的灵魂与山峰融为一体，整个世界只剩下山峰和我。

在那些日子里，我真正有机会尝试一点一点突破自己的局限。我能感受到自己在试探，一点一点去挑战风险的极限。

每次攀爬，我逐渐往前迈得更远一点。用鞋底的冰爪让身体慢慢保持平衡。每一次冒险的尝试，都使我进步神速。我一次又一次地试探自己攀登的极限，并爱上了这种感觉。

当我终于站在阿玛达布朗峰顶，惊叹地凝望着远处的珠穆朗玛峰，它就在北方 10 英里①左右的地方——我知道，我同样有能力站到它的峰顶。

威廉·布莱克（William Blake）说过：

伟大的事情总是在人类挑战山巅时才能成就，而不可能发生在马路上的推搡之间。

他说得没错，我们需要时间、空间和逆境去真正了解自己。如果只是埋头活在别人的梦想里，你不太可能在那些你不感兴趣的琐事之中发现机会。

无论你过着怎样的生活，你都有可能找到属于自己的挑战和发展空间。你不必去丛林间或者去喜马拉雅山找寻，重要的是保持这种找寻的心理状态，而不是身在何处。

心中的山峰与我们每个人时刻相伴。面对心中的山峰，并决定发起挑战，这就是我们认识自己的开始。

---

① 1 英里约等于 1.6 千米。

不经受真正的考验，
可能永远无法将潜能唤醒

大多数人从未感受过自己的极限在哪里，因为他们从来没有机会经受一次足够有分量的考验。

特种兵选拔本质上就是一种考验。

一系列残酷的测试项目都是为了找到你心理和身体的弱点而设计的：在大雪中翻山行军，走得肺快要爆炸；全速上山跑；以消防员方式抬起一个人沿着崎岖不平的山路上下奔跑。这些测试经常选在雨雪天进行，有时候甚至是在零度以下的低温天。

随着选拔赛的进行，这种"野蛮"测试项目难度会越来越大。

但是，我发现，当我能经受这些测验训练的次数越多（尽管每次都被折磨得筋疲力尽，整个人散架一般），面临下次训练的时候，我就会觉得更轻松一点。这就是特种兵的训练方式，通过身体上的折磨来考验心理承受能力。

选拔的宗旨是要让你明白，任何痛苦都是暂时的。所以，在每次训练、不断坚持过程中，我越来越明白这不过是把相同的事情再多做一遍，直到有人喊停，我就最终过关了。

我也越来越明白，在经受真正的考验之前，你永远不会知道自己的潜力有多大。每获得一个小小的成就，你的自信就会增长一点。

大多数人从未感受过自己的极限在哪里，因为他们从来没有机会经受一次足够有分量的考验。当你突破自己的局限，发现自己居然还撑得住时，你就会越发相信，不可能的也会变得可能。在通往成功的路上，最重要的就是拥有信念。

我们其实都比自己以为的更强大。在我们心里等着接受考验的，是另一个更好、更大胆、更有勇气的自己。你所要做的，就是给自己一个释放的机会。大胆选择你的目标，唤醒心底的潜能，给自己一个惊喜。

记得大卫（David）和歌利亚（Goliath）的故事吗？年轻的牧羊人大卫看见身材魁梧的歌利亚时，心里没有想，"哎呀，他真高大，我肯定打不过他"，而是想，"这么大的一个靶子，我不可能打不中"！

不管是在生活中还是在探险中的成功，都取决于我们对意志的反复训练。

一丝余烬就能点燃潜能

永远不要轻视人类意志本能的力量。每个人的心中都深藏着难以置信的余烬，关于梦想，关于希望，关于向往，等着我们让其重新焕发生机。

在风中，一丝余烬，一点火星，也许就能救你一命。同样，它可能改变你的整个人生。

贝克·威瑟斯（Beck Weathers）是一位高海拔登山者，曾经在珠穆朗玛峰上演了一场生命的奇迹。

1996年5月10日清晨，贝克在最后一次尝试朝顶峰前进时，被突如其来的雪盲困住了，他看不见任何方向，唯一可以做的就是守在原地等待救援。不到几分钟，他就发觉自己遭遇了一场暴风雪。风暴越过山顶，时速70英里的风带着雪朝山体的一侧猛然砸来，当时的风寒指数为-100℃。

最后，几名从山顶返回的登山者在途中遇到贝克并试图把他带下山。他们当时都已暂时性失明，几个人精疲力竭。巨大的风暴完全没有停止的迹象，同时风暴使得空气中氧气不足，他们不得不停下脚步围在一起取暖。

风暴终于平息了一会儿,其中一名登山者麦克·格鲁姆(Mike Groom)意识到这是短暂而宝贵的求救时机。他把威瑟斯和其他4名已经几乎失去意识的登山者留在原地,自己一个人返回到高山营地寻求帮助。

几小时之后,救援来临。其中三个登山者都被带回营地,而贝克和另一名登山者都因体温过低进入昏迷状态,已经毫无反应了。

救援人员做出决定,已经没有什么办法救活这两个人。以当时的环境,如果要把他们失去知觉的躯体硬拉回去是相当危险的。于是,救援人员决定让他们留在山上等死。

那一整夜,贝克躺在地上,身体逐渐被冰冻住。当时他与营地的距离只有300码[①],但在那个海拔高度,这个距离相当于平地的300英里。贝克的鼻子和双手都已经被冻伤了。这里将成为他最后的安息地,他会被埋葬在茫茫白雪之下,暴露在极端的寒冷、冰雪和风暴之中。

第二天早晨,两名救援人员回到之前安置两个人的地方,凿掉他们脸上结的冰,发现他们还有呼吸,但是都有极其严重的冻伤,已经是"最接近死亡的样子"。救援人员再一次决定把两个人留在那里等死,然后艰难地回到营地,报告两人死去的消息。

但是,奇迹出现了。贝克·威瑟斯睁开眼睛。贝克说,他看见他的妻子和孩子站在面前呼唤他。

这就是那一丝余烬。他慢慢地爬起来,开始蹒跚地往营地的方向挪去。由于寒冷和冰冻,他的一只眼睛已经完全失明,另一只眼睛只能看到前方不及两英尺的距离。他的身体就像一整块冰,由于高原反应,他只能蹒跚前进。最终,在几乎完全不可能的情况下,贝克·威瑟斯竟然

---

① 1码等于3英尺,合0.9144米。

独自一个人回到了营地。因为冻伤，贝克失去了双手和鼻子，但是，他心中燃烧的那微小的余烬，那来自他家人的余烬，支撑他重新站了起来，继续前进。是那丝余烬拯救了他的性命。

永远不要轻视人类意志本能的力量。每个人的心中都深藏着难以置信的余烬，关于梦想，关于希望，关于向往，等着我们让其重新焕发生机。

有时候，只需一丝余烬，我们就可以燃起燎原之火。

在自然中发现与生俱来的能力

这些技能和经验深深地根植于我们的潜意识当中,毫无疑问它们能使我们在蛮荒之中免于饥饿和恐慌。发掘我们潜意识中的这些本能,其实就是在帮助我们认识自己究竟是谁。

你最近一次到户外探险是什么时候?我指的是真正的探险,那种能使你心跳加速的探险:置身于未知的环境中,只带着一张地图、一个罗盘、一个背包和一个睡袋。

你是否曾经聆听过雨水拍打在帐篷上那催眠曲一般的声音?是否听过猫头鹰清脆的鸣叫?是否听过夜风拂动树叶的声音?这是一种绝对的自由,能让人找到归属感,能让我们与自然重新联结,与地球重新联结。

在野外过夜的一个好处是,它提醒我们,最美妙的事情不仅仅是金钱之类。钱,买不到山间溪流在石子和石楠花之间穿行时所带来的宁静;钱,买不到静坐在海岸峭壁上看海水拍打岩石时所收获的灵感。你不可能用钱物来买卖这样的感受。

在繁星密布的夜空下,围坐在篝火旁边,是人类最古老、最美好的行为。它提醒我们自身在人类世界和历史长河中所处的位置,我们很难不因此变得谦卑。

这样简单的活动不需要我们付出多少代价，然而，它们给予我们宝贵的享受"静止"的时间，让我们与历史、自然重新联结，清理干净我们头脑中的杂念，唤醒我们内心的梦想，并且帮助我们从有益的角度看待事物。每个人都需要定期进行这类活动，它比你想象的更为重要。我祖父的床头一直摆放着一个小小的装裱好的画框，画上只有一句简单的话：

花园里总是不缺音乐，但是需要有一颗安静的心去欣赏聆听。

所以，每过一段时间，请拿起你的背包，到自然中度过一晚，哪怕只有一晚，哪怕只是在你的花园里。

自然是一门古老的世界性语言，一旦浸入其中，便能不学而会。

一旦你学会打称人结，学会使用篝火做一顿简餐，你一辈子都不会忘记这些技能。想想看，谁不愿意学会钻木取火呢？这可是人类最古老、最伟大的成就之一。

这些技能和经验深深地根植于我们的潜意识当中，毫无疑问它们能使我们在蛮荒之中免于饥饿和恐慌。发掘我们潜意识中的这些本能，其实就是在帮助我们认识自己究竟是谁。不断地提醒我们自己这一点，可以让生活变得更好。

所以，出去野营吧，去享受那些篝火边的故事，好好观赏大自然表演的电视节目（我说的是篝火），用你的双手抓取食物，喝点小酒，与你喜欢的人开怀畅聊，然后静静地躺在夜空下，享受一段安静的时光，这该是多么惬意的事情啊！你完全不需要跑到海边去度假！

还有一件我想建议的事情是，最好每年去看一次日出。这对心灵、身体和精神健康都有帮助：早点起床，看太阳从地平线上慢慢升起，没有烦忧，没有喧嚣，只有温暖、轻柔和宁静，让人体悟到世界的本质是美好的,而生命是一种真正的恩赐。

绝对不要轻视这些简单的愉悦,以及它们带来的启示和安抚,因为这些正是人之所以为人的一部分。

PART 2

激发潜能:梦想

梦想孕育着无穷的能量

梦想蕴藏着无穷的能量。它像那些最有价值的品质特性一样，无形却弥足珍贵，带来光明，温暖人心，激励着许许多多颗灵魂坚韧不拔，奋斗不息，最终改变世界。

人生就是一场竞技，有人选择快速致富，有人选择遵从内心过充实丰富的生活，这两者之间真正的胜利者从来只有一个。找到你的梦想，正是这一段未知的竞技之旅的起点。

梦想蕴藏着无穷的能量。它像那些最有价值的品质特性一样，无形却弥足珍贵，带来光明，温暖人心，激励着许许多多颗灵魂坚韧不拔，奋斗不息，最终改变世界。

这里所说的梦想，绝不是指不切实际的空想。我所说的，是那些能够真正鼓舞你去奋斗，让你甘愿为之挥汗如雨、去吃苦的梦想。为了让这个梦想成为现实，你会为之努力。

托马斯·爱德华·劳伦斯（T. E. Lawrence）的这番话意味深长：

每个人都有梦，但是，这些梦却各不相同。那些只能在漆黑的深夜让梦从布满尘埃的内心深处显现的人，白天一觉醒来，会发现梦中的一切不过是虚幻泡影。而那些在白天做梦的人是相当可怕的，因为他们会用自己的实际行动为梦想装上眼睛，为了能让梦想成为现实，他们争分夺秒，毫不懈怠。

我们所要做的，就是成为这类可怕的做梦人。像那些在白天做梦的人一样，我们以实实在在的行动让心中所想成为现实。

所以，请给自己预留一些独处的思考时间。独自漫步片刻，大胆思考，想想究竟什么能让你展露笑容。

扪心自问，假设你的生活不愁钱花，你最想做的事情是什么？想过怎样的生活？你究竟对什么感兴趣？当大部分人都选择放弃的时候，什么样的事情能让你不妥协、不放弃？

当你清楚这些问题的答案，你的梦想必定置身其中。我们每个人心中都有一座珠穆朗玛峰。当我们追随心中的珠穆朗玛峰的召唤时，人生的奇遇便开始了。

你的梦想应该切实可行，这需要运用直觉和练习去评判。但是，千万不要把现实主义和悲观主义混为一谈！要敢想，确信你的梦想可以通过逐步规划和努力实现。如果实现它的核心前提条件只是远见与勤奋努力，那就大胆去做吧。

把梦想记录下来，贴在墙上，最好贴在每天都必然会看得见的地方。

相信文字和图片的力量。明白吗？

我们的冒险之旅这就开始了……

梦想要经得起流言的蛊惑

想要收获成功别无他法，唯有大胆无畏地拥抱那些盗梦者们警告你应该避而远之的东西：失败、荆棘和挫折。

一旦你写下目标并拿出来和别人谈论时，马上要上演的一幕是，你将面对那些再常见不过的愤世嫉俗者。他们会像看笑话般对你的想法品头论足。

我把这群人称为盗梦者。

小心了，他们对你的危害超乎想象。生活中，我们身边从来不缺那些想要打击你的自信心，或者嘲弄你的雄心壮志的人。

人们给你泼冷水可能出于多种目的：或许是因为他们嫉妒你对生活有更大胆的想法；或许是因为他们担心你的成功会令他们感到自卑；或许他们仅仅是出于好心，希望你免遭失败的打击，避免伤心流泪的结局。不管是以上哪种情况，结果都是一样：你被劝阻下来，放弃实现自己的梦想或者发挥自己的潜能。

我们不必太在意别人的议论。如果是出于尊重而必须听取，就报以微笑，继续做你要做的事情。想要收获成功别无他法，唯有大胆无畏地拥抱那些盗梦者们警告你应该避而远之的东西：失败、荆棘和挫折。

所有这一切都将成为引领你走向成功的垫脚石。同时也留下了坚实的证据，印证你所做的事情是正确的。

专注于目标而非金钱

当你真正致力于你的梦想，当你挥洒热情，让才华闪耀光芒时，你终将发现，源源不断的财富是迟早的事情。但是，如果你好似一只飞舞不定的蝴蝶，只是追逐金钱本身，大部分情况下它都会离你而去。

在我们所生活的社会里，人们更喜欢用金钱去衡量成功。这本来就是一个错误。金钱本身并不能带来快乐，我已经见过相当多不快乐的百万富翁。我还见过有的人工作太过努力以致没有时间陪伴家人，甚至没有时间去享用赚来的钱。他们无法信任身边的朋友，甚至偏执地认为人们对他们示好就是想盗取他们的财富。

有钱人比较容易陷入一种愧疚和不配得感。特别是当你不知如何恰当对待变幻无常的财富时，它会成为负担沉沉地压在你的心头。

其实你明白，金钱，如同成功和失败，其本身是毫不重要的。重要的是我们对待它的态度，以及如何利用它产生价值。

金钱如水，既可载舟，亦可覆舟。所以，在金钱面前，你必须让头脑保持清醒，时刻掌握主动权。

有钱人常常发现，当他们到达心目中的山巅——那曾经追寻的成功时，内心依然得不到满足，这一点也没错。我们内心深处追寻价值和终极目的的渴求并不是那么容易满足的。

从本质上说，给你的房子打好地基，要建在坚实的岩石上，而不是沙土上。以金钱本身作为目标永远不会使你感到满足。

所以，请明智选择。用心感受一下，你究竟渴望的是什么。一旦下定决心开始走对的路，好的事情就会降临。所以，有必要为迎接你的成功做好准备。金钱尽管可以让这条路走起来舒服一些，但是它不可能抹平那些坑洼。

亿万富翁约翰·保罗·盖蒂（John Paul Getty）的一句名言是："如果可能，我愿意为一场幸福的婚姻付出我所有的财富。"由此可见金钱不可能治疗你所有的伤痛。事实上，金钱就好像成功，会放大你生活的本貌，如果你一直遵循错误的价值观，金钱只会让你的生活愈加糟糕。

相反，如果你可以正确使用它，金钱将是上天赐予你的绝妙礼物。

所以务必时不时看看你列出的梦想，永远不要丢掉它。一旦你实现梦想，你的财富便不可估量……记住，我说的财富可不是钞票。

最后一个秘密是：当你真正致力于你的梦想，当你挥洒热情，让才华闪耀光芒时（尽管在初期它们可能还很微弱），你终将发现，源源不断的财富是迟早的事情。但是，如果你好似一只飞舞不定的蝴蝶，只是追逐金钱本身，大部分情况下它都会离你而去。追逐自己心之所向，展露你的才智，让身边人的生活变得更好，不论遇到什么样的状况，都请坚持住。我敢保证，金钱就会在不远处为你静候。

所以，请不要为金钱而忧心忡忡，把重点放在享受人生旅途上。并且，千万不要一味地死盯着金钱，而浪费了你的时间和精力。

全心全意地追随你的目标，你的内心将得到满足。静静等候、期待，看看你的梦想终将带你去向何方。

信仰是梦想的指路明灯

为了以最佳方式到达最终的目的地，实现生之使命，你需要的是一位不错的指引者，他能够引导你、启发你、安抚你，给予你力量，他应该是在逆境之中能为你助力的导师。

当你探寻一条富于激情的人生之路时，你不可避免地会遭遇困境、质疑、挣扎和痛苦。不管你具体选择的是哪个领域，你都将面临竞争。

接受这个事实，不管你愿不愿意。但是，不要绝望，因为帮助总是会在你想象不到时降临。

每当我进入一片情况复杂的丛林，或者是未知的山区，我要确保自己拥有一个好向导，人生也是一样。你当然可以选择只依靠自己的力量去争取，但是，相信我，这样一路走来，你会辛苦得多。

为了以最佳方式到达最终的目的地，实现生之使命，你需要的是一位不错的指引者，他能够引导你、启发你、安抚你，给予你力量，他应该是在逆境之中能为你助力的导师。

对我而言，信仰曾许多次为置身黑暗之中的我带来光明。当我陷入寒冷山区，信仰给我欢愉；当我挫败沮丧时，信仰是我重新振作的动力。

谁能首先拥有一位好的指引者，谁就能首先冲到终点！

罗宾·诺克斯-约翰斯顿（Robin Knox-Johnston），世界独自不间断环球航行第一人，曾经说过："在南大洋不存在什么'无神论者'。"我对他这番话的理解是，在你体会过什么是真正的恐惧和孤立无援之前，永远不会理解信仰的力量。

老天啊，如果一个人敢说他自己从来不需要任何帮助或者鼓励，他该是有多自豪。

但是，我确信，没人可以做得到。

你也别担心，有信仰并不意味着必须皈依宗教，我自己就是一个例子。你相信吗，连耶稣也不是教徒！事实上，如果你了解过他，你会觉得他是一个非常有趣的人，支持宗教自由，想法疯狂，喜欢派对，还总是跟一帮宗教自由主义者鬼混。他唯一讨厌的人就是那些极端虔诚的教徒！

与很多人所以为的相反，你会发现信仰能帮助你获得更自由、更充实的生活。你会感受到，生命中的欢愉、平和与爱超乎你的想象。当你拥有这些财富并且有更多积累时，你将更坚强、更有能力去完成一次人生的冒险旅途。

更了不起的是，除了为你指引方向，信仰也会成为你的支撑、你的伙伴、你的朋友。

优秀的人清楚自己的弱点，并且能够谦卑地放低姿态去接受帮助，从而成就卓越。去成为他们中的一员吧！

所以，请鼓起勇气，让信仰为你导航。

你不会失去一毫一厘，相反，你可以赢得一切。

说"Yes"而不是"No"

说"No"往往意味着你的生活将不会有任何改变。说"Yes"则有带来改变的魔力，而改变能给予我们创造成功的条件。

在生活中获得成功的一个重要秘诀是当其他人只问"凭什么"时，你却说"为什么不呢"。

根据我的经验，许多人仅仅是双手抱在胸前，靠在沙发里，问："凭什么我该做这些呢？"就这样，他们让绝佳的机会溜走了。

生活中的冠军常常会逆向而行，选择前人没有走过的路。这意味着要学会说"为什么不呢"，而不是"凭什么呢"。这一点，在一段职业生涯的初期，或者刚开始追逐梦想的时候尤为重要。你需要不断尝试，为了找到那颗珍贵的珍珠，必须打开一个又一个的蚌壳。你需要去尝试不同的事情，结识不同的人，接受疯狂的挑战，总之，你的生活将不得轻闲！

说"Yes"并且去尝试做某件事情总是要比因害怕前方的不确定性而说"No"更好一些，特别是在事情的开始阶段。

说"No"往往意味着你的生活将不会有任何改变。说"Yes"则有带来改变的魔力，而改变能给予我们创造成功的条件。

对了，顺便提一句，唯一真心喜爱"换一换"的人可能只有那些尿湿了尿布的小婴儿吧①！改变也许是件令人忧心害怕的事情，并且通常会多少让人感到不舒服。但是，生活就是从舒适区以外开始的，所以要学会拥抱改变并且习惯改变。那些领先者每天都在面对改变。

前些年，我曾经带领一支探险队重访珠穆朗玛峰，这座在我23岁时就曾攀登过的山峰。当时我冒着生命危险去攀登它，并且幸运地活着回来了。自那以后，我的心里一直藏着一个梦想，那就是再次回到珠穆朗玛峰，并借助小型单人动力伞飞越珠穆朗玛峰——动力伞很像滑翔伞，只不过多了一个背包似的引擎。

在当时，人类飞行的最高高度是17000英尺②。但是，作为一名飞行迷（并且是一个乐观主义者），我认为不应该满足于以只多出几英尺的成绩来打破纪录，我觉得我们应该追求可以达到的极限。在我心里，这便是飞越珠穆朗玛峰。这意味着，我们必须制造一架能够在29000英尺高度飞行的机器。

当我们跟别人谈及这个想法时，许多人要么认为我们疯了，要么认为技术上不可能实现。那些否定者忽略了"Yes"的力量，尤其是低估了完成这项任务的团队的能力。我指的是我们请到了我的好朋友基洛·卡多佐（Gilo Cardozo），来发挥他的聪明才智。基洛是一位动力伞工程师，天生的狂热者，喜欢打破常规，并且总是那个回答"Yes"的人。

基洛是一个天才航空工程师，他把所有时间都花在自己的工作室里，

---

① change 在英文中同时有改变、换的意思。
② 1英尺约等于0.3048米。17000英尺约为5180米，下文的29000英尺即珠穆朗玛峰的高度8848米。

不断设计、测试那些疯狂的机器装置。有人说，我们携带的氧气在-70℃的环境下将会冰冻；还有人告诉我们要想在如此高的海拔飞行，只能携带一个重得不可能飞起来的引擎，即使起飞了，以如此快的速度降落，我们也会把腿摔断。对于这些警告，基洛总是回答："哦，肯定没问题的，就交给我吧。"

不管遇到什么样的阻碍、什么样的难题，基洛总是说："我们可以办到。"在他的工作室里倒腾了几个月之后，基洛终于造出了那个帮助我们飞越珠穆朗玛峰的神器。他用实际行动打败了那些否定者，完成了不可能完成的任务。感谢上帝，我们的飞行顺利完成了。对了，那一次我们还为全世界的儿童慈善机构募集到了超过250万英镑的经费。

瞧，如果你敢于追逐梦想并且能够坚持，梦想是可以成真的。

记得说"Yes"，你永远不知道它将把你带向何方。这世界上并不存在多少极限，能真正拦住你去往更高更远的地方。

舍与得

我喜欢把牺牲视为一种驱动人向目的地前进的动力。你放弃的越多,那么,你为目标投入的能量、时间和关注也越多。

人生中一个简单的真谛是,要想获得你非常渴望的东西,你必须放弃其他一些你喜欢的事情,可能是一种轻松的生活方式、酒吧夜生活、美味佳肴,或者是你的时间。

成功需要代价,你得习惯这一点。

当我周围的朋友还是学生的时候,我就决定去参加特种兵选拔。我和几个好哥们儿一起住在一幢老房子里,过着很令人羡慕的学生生活,出去玩,四处闲荡,追女孩子——你明白的。

那是一段很舒服的日子,但是很快我就意识到,如果我真的下定决心要通过特种兵选拔,我必须牺牲掉一些东西,事实上是许多东西,像学生派对、懒觉、美味的咖喱、葡萄酒、无忧无虑的生活、舒适的生活环境等。这些东西都与我想要加入英国特种兵部队的愿望格格不入,不过对于我而言,所有这些都无法与实现属于我的独一无二的骄傲相提并论。

没有多少人愿意去尝试，因为没有多少人敢于尝试。大部分人不愿意放弃轻松舒适的生活。

想想你最喜欢的体育明星。让我告诉你，在他们的青少年时期，他们醒着的每一刻都是在体育馆里度过的，步履一次次撞击地面，或者对着墙壁一次次练习球技。只有当你全身心投入一件事情之后，你才有可能变得擅长。有志者事竟成，这道理不是什么高深的火箭科学。

牺牲必然伴随着疼痛，这就是为什么许多人选择走轻松的路。但是，大部分的人没有意识到，牺牲也能带给人力量。当你自己选择放弃某种你想得到的东西时，常常意味着你正在花更大的努力去实现你的目标。

我喜欢把牺牲视为一种驱动人向目的地前进的动力。你放弃的越多，那么，你为目标投入的能量、时间和关注就越多。做出牺牲从来都不是简单的事情，特别是当你很清楚任何牺牲都会带来疼痛的时候。但是，我仍然建议你去选择做能使你自己感到骄傲自豪的事情。罗伯特·弗罗斯特（Robert Frost）的诗作《未选择的路》中有一句相当经典的话是这么说的："而我选择了人迹更少的一条，从此决定了我一生的道路。"

你想不想要改变呢？你想成为那少数成功者之一，还是庸庸碌碌的一个？如果你希望做出一点特别的成就，你就要敢于选择大多数人不敢尝试的道路。这条路可能令人恐惧，但是激荡人心，这就是交换代价。仔细计算，掂量掂量，你是否真的已经为付出代价做好准备？是否已准备好了做出牺牲？记住：

痛苦是暂时的，而自豪是恒久的。

潜能 贝尔超越自我激励法

千里之行，始于足下

当你在通往梦想那艰难而漫长的旅途上行进时，你不可能预见每一个障碍或者每一个机遇。但是，你一定会发现，在前行的每一步中你都将收获经验，学到观点，习得技能，增长自信，这些都将帮助你达到目标。

千里之行，始于足下。

当你立于山脚，路途迂回悠长，还有各种障碍阻挡视线，让你几乎看不清通往山顶的路径，唯一可以爬上山顶的方法就是先抬起一只脚，落到另一只脚的前方，再抬起另一只脚落到前方，如此反复，一步一个脚印。

马丁·路德·金有一句话，我个人非常喜欢：

有信心地迈出第一步，你并不需要看到整个阶梯，你只要迈出第一步就好。

这是个非常有用的建议。当你在通往梦想那艰难而漫长的旅途上行进时，你不可能预见每一个障碍或者每一个机遇。但是，你一定会发现，在前行的每一步中你都将收获经验，学到观点，习得技能，增长自信，这些都将帮助你达到目标。然而，只有在开始迈向目标之后，你才会收获这些经验、观点、技能和自信。

有些时候，眼前艰辛的路途可能使人望而生畏，以至于没有勇气踏出第一步。何况，我们从来都不缺少畏缩、逃避的种种借口：时机还不成熟，对我来说成功的概率太小了，或者没有人在我之前尝试过这么做。我敢打赌，就连第一个登月的尼尔·阿姆斯特朗（Neil Armstrong），第一个成功登上珠穆朗玛峰的埃德蒙·希拉里（Edmund Hilary），甚至为了制造灯泡而实验上千次的托马斯·爱迪生（Thomas Edison），一定都有许许多多足够合理的理由不去尝试那些他们为之付出、甘心冒险的事情。并且，我也可以向你保证，在他们自己的道路上，他们必定也曾许多次感到信心不足。

你知道最悲哀的事情是什么吗？就是大多数的人从来不曾知晓他们究竟擅长什么。在真正开始登山之前，从山脚往上仰视山峦，总会令人望而生畏。自上向下看总是比自下向上看容易得多。

每当听别人说起那些阻碍他们开始一段美妙冒险旅途的"理由"时，我就会想起克里斯托弗·洛格（Christopher Logue）的一首诗：

到悬崖边上来。

我们会掉下去。

到悬崖边上来。

那里太高了！

到悬崖边上来！

于是，他们走来，

于是，我们一推，

于是，他们飞起来了。

我隐隐有一种感觉，假如你敢向悬崖迈出第一步，或许，你就会发现，原来你是会飞的！

　　向你的梦想迈出第一步，不管是怎样的开始，漂亮也罢，糟糕也罢，为何要拒绝来一次人生飞跃？然后你将发现新的可能性向你敞开。

　　这就是"开始"的奇迹。开始后，一切就会自然而然地发生。去做别人不做或者不能做的事情，永远不要把目光从你的目标上移开，要坚持住，不要放弃，保持愉悦的心情，信赖对的人，听从内心的声音。

　　这样，只会有更多奇妙的东西在前方等着你……

PART 3
塑造自我（I）：勇敢

面对恐惧时，勇敢能让我们做出有效反应

> 真正的勇敢是当超越我们平常经验的事件排山倒海地袭来时，我们所做出的反应。如果你未曾感到害怕，就不可能变得勇敢。

首先，勇敢并不是虚张声势。勇敢，是以行动征服生理情绪反应的悄无声息的壮举。

真正的勇敢是当超越我们平常经验的事件排山倒海地袭来时，我们所做出的反应。如果你未曾感到害怕，就不可能变得勇敢。因为，当面对内心的恐惧时，正是勇敢带领我们战胜恐惧。勇敢绝非没有恐惧，而是虽然内心恐惧，仍能做出有效的反应。

约瑟夫（Yosef），一个11岁的匈牙利男孩，是我见过的最勇敢的人之一。约瑟夫带着他的微笑、决心和内心的温暖坚持，与威胁他生命的病魔和痛苦斗争。尽管约瑟夫每天都会害怕，尽管为了保住年轻的生命，他已经经历了45次手术，他依然选择乐观地迎接每一天。

这就是真正的勇敢。

学会勇敢，这从来不是一个容易的抉择。如果勇敢很容易，那么每个人都可以轻松夺冠。可是不管是在真枪实弹的战场上，还是在精神的

战场上，情况都并非如此。人生的战场非常可怕，我非常清楚，因为我已经体会过太多次了。

但是，战场也给了我们展现自己的机会。它让我们在感受到本能的害怕、颤抖和软弱的同时，能够展现出我们的勇敢和与众不同。勇敢是一张王牌，是打破僵局通往胜利的门票。

不论我们有何消极感受，如果可以吞下那片勇敢的药丸，然后投入希望自己敢于去做的事情之中，那么，大多数情况下，世界会给我们正向的回报。正如荒野会奖励决心那样，世界以同样方式奖励勇敢。另一条世间的法则：学会勇敢，障碍就会自然消退。

不要怕去尝试，无论你有怎样的感觉。在你的战场上，你总有一个选择，选择勇敢或是躲藏。（在此提一句，有时候勇敢意味着必须躲藏以保持隐蔽，就好像谨慎是勇猛的另一面。很多时候，勇敢的选择跟凸起绷紧的肌肉没有关系，跟茫茫大雾没有关系，跟横下心走到底没有关系。相反，勇敢可能是保持谦卑，可能是安静的撤退，可能是敢于承认自己的错误。）

勇敢有多种表现形式。最经常发生的状况是，在那些关键时刻，尽管心怀恐惧，我们仍然敢于做出自己认为正确的选择。

"勇敢"（courage）这个词的拉丁词根是"心"（heart）。我很喜欢这一点。在关键时刻表露真心。在人生的关键时刻，去做一个勇敢的人。

任何人都可能成为那个最勇敢的人。许多次在征服高山过程中，我见识了平时看上去很普通的人展示出的难以置信的勇敢。

振作起来。如果你认为你还不够勇敢，就得多加小心了！可能勇敢下一个选中的就是你！

有所畏惧，才能无所畏惧

要想变得勇敢，唯一办法就是去做那些能让你心生畏惧的事情。

要变得勇敢并不是不会感到害怕，真正的勇敢在于不断战胜内心的恐惧。

若我们清楚地知道眼前旅程的目的地，并对将要经过的每一个地点都了如指掌，这样的旅程就不需要勇气。只有在漆黑夜幕里离开营地，对前方路途一无所知、生死未卜的时候，勇气才会靠近我们。

我在部队服役期间，在南非的一次自由降落跳伞训练中出了意外，我的背部摔断了三处。之后的18个月里，我一直在英国治疗，多次在医院进进出出，内心极度渴望身体能尽快康复。那是我人生中最艰难、最黑暗，也最令我恐惧的时期。

康复的前景无法保证，每移动一下，我的身体都要承受巨大的疼痛。我的未来更是悬而未决，没人能告诉我，我是否还可以重新正常地走路。那一跳，几乎搭上了我的事业、我的身体，几乎还有我的性命。我根本不敢有再次跳伞的念头。

但是，在录制《荒野求生》的7季电视节目期间，我几乎从各种你可以想象到的飞行器上跳下来过：热气球、军用 C-130 货运飞机、直升机、双翼飞机、第二次世界大战期间的老达科塔运输机……这个名单很长很长，你还可以继续往下数。尽管如此，每次跳伞时我还是会感到害怕。

在跳伞的前夜我总是睡不好，而且会反复做噩梦，梦见出事故那次在跳伞之前看到地面的那一刻。这是我心中的一座大山，给我带来了深深的恐惧感，让我心跳加速，手心出汗，嗓子发干。但是，我必须迫使自己去面对恐惧并完成任务，因为这是我的工作。

节目组清楚高空跳伞对我来说是一项难度颇大的任务。所以，每当飞机舱门打开前的瞬间，总会有一只手搭在我的肩上给予我支持。队友们都知道，每次我站起来走向舱门时，我都在忙于应战心中的魔鬼。但是，这是我的工作，我不能被这个魔鬼打败。

勇敢，意味着要去面对我们最害怕的事情，然后战胜恐惧并使其屈服。或者，至少片刻压制住恐惧。

恐惧越大，勇气越大。

我很清楚的一点是：要想变得勇敢，唯一的办法就是去做那些能让你心生畏惧的事情。

小心谨慎毫无意义

小心谨慎，就是选择预留后路，以防万一。当情况困难的时候，"以防万一"给了你打退堂鼓的可能。然而，所有计划目标，尤其是大目标的实现都是难上加难的。

在我 15 岁时，我曾听到一个美国运动员说："小心谨慎毫无意义。"我花了很长一段时间来思考他这句话。

罗马指挥官常常要求部队跨过桥之后把桥烧掉，以保证他们的士兵在面临危险时无法逃跑。如果哪个士兵想逃跑，就一定会被湍急的河流截住，被迫回去战斗，或者可能死在继续逃跑的路上。

没有回头路，意味着完全的献身，这看似很戏剧化，但是很有成效。

小心谨慎则正好相反，是三心二意和胆小的表现。小心谨慎，就是选择预留后路，以防万一。当情况困难的时候，"以防万一"给了你打退堂鼓的可能。然而，所有计划目标，尤其是大目标的实现都是难上加难的。

"小心谨慎毫无意义"是说，当你真心希望做成一件事情时，你就该全力以赴，百分之百付出。当你完全致力于某件事情时，你必定会逼迫自己找到解决方法，不管有多难实现，因为你已经没有别的选择了，你早已断了自己的后路。

不相信我的话？去问问那些职业橄榄球选手。如果你在第一时间使出全身力气去擒抱，你就可能会赢，但是，只要你一犹豫，你就很可能受伤。

我知道这很烦人，但是事实就是这样！

勇敢无畏，这其中包含了天赋、能力和一点神奇的力量。就像某种秘密元素，一旦被掺入所要求的特殊条件，就能导致不一般的结果。

荒野需要勇猛。你需要从悬崖上跳下，穿越山体裂缝，走过湍急的河流，并且没有再来一次的机会。你必须从一开始就做对，犹豫不定或缺乏决心只会带来致命的代价。

勇敢无畏与鲁莽有时是一线之隔（有句话说得好，你总是能遇见胆大的登山者和年老的登山者，但是很少见胆大的年老登山者）。但勇敢无畏绝不等于鲁莽，勇敢不是对后果不假思索，也不是没有备选计划，相反这两样都是成为勇敢者的重要素质。

勇敢是当你将所有的选择都评估一遍，就朝着你确定的选择走下去，不要犹豫或放弃。

这不过是这个大千世界里又一条隐蔽的真理。我喜欢它，因为明白这一点并不要求拿到 A 等成绩，或是大学学位！

这是一个所有人都可以学会并且运用的真理，当所有人都后退或者失败时，就靠它去赢取胜利。

大山会赐予勇者力量

黎明前的黑暗是最深的黑暗。你需要的仅仅是在那些黑暗的日子里坚持下来,不要放弃,让大山支撑你,给你力量,你定将感受到你内心的那座山。

埃德蒙·希拉里爵士是我最崇敬的英雄之一,他曾经说,他从崇山峻岭之间获取力量。但是,我从前不理解他这话的含义,直到有一天我也有了亲身体会。

山峦,以及伴随它们而来的所有困境和斗争都是我们试炼自己的竞技场。每一座高山之巅带来的挑战,都是一次激发我们求生本能和无限潜能的机会。我们需要的是坚持默默向前、向下深挖,并发掘出其中蕴藏的力量。

但是,绝大多数人在找到这股力量之前就已经放弃了。这正是大部分人没有实现目标的原因。劲风一起,他们就却步了;一旦遭遇困难,他们就低下了头。

但是经验让我懂得,当你接近山顶时,你将不可避免遭遇强劲的风。(这种现象被称为真空效应,它的科学解释是,当风经过陡峭的山表时,风受挤压而压缩，于是风力增强，所以山顶的风会更强烈。）

因此，当情况变得困难时，不要畏缩泄气，不要胆怯回避，要勇敢地站到竞技台上，直面挑战，拥抱面前的崇山峻岭。当你这么做时，大山会回应你，它会"赠予"你战胜困难的力量。

我不是十分清楚这股力量源于何处，但是，我时常感受到它在我体内涌动。我所面临的情况越艰难，我所感受到的力量越强大。

所以，去拥抱迎面而来的劲风，不要躲躲藏藏，而是迎接它，让大山赐予你力量。

埃德蒙·希拉里爵士找到了它；许多真正绝处逢生的勇士找到了它；我也找到了它。发现这股力量的关键是要有迎战困难的意志，能扎扎实实地去挑战一次又一次的攀爬，克服一个又一个障碍。这样做，力量自然会来。继续深挖，继续向前，山顶最终会出现在你面前。要等到黎明的一刻，不可能不经历黑夜，但如果你足够坚持，它就必定会到来。

黎明前的黑暗是最深的黑暗。你需要的仅仅是在那些黑暗的日子里坚持下来，不要放弃，让大山支撑你，给你力量，你定将感受到你内心的那座山。

PART 4
塑造自我（Ⅱ）：积极

成为你认识的人中最具热情的那个

成功常常追随良好的态度而来，二者如影随形。你可能不是跑得最快的、体格最棒的、最聪明的，或最强大的，但是，没有什么可以阻止你成为你认识的人中最具热情的那个。你只需靠自己的意志走得更高，从人群中脱颖而出。

当我还是小男孩的时候，我的父母曾给过我一些非常棒的建议。（他们也因为我做过的蠢事对我大加责骂，不过那是另外一码事！）其中，我已故的父亲跟我说的一句话比任何事都更深刻地影响了我的人生观和做事风格。这句话是这样的：

如果，你能成为你认识的人中最具热情的那个，那么，你不太可能犯什么大错。

每次说这句话时，我父亲脸上总是带着一丝诡秘的笑容，仿佛这话暗含着某种神秘的力量。他说得一点也没错。

常常，热情可以带来至关重要的改变：当你身陷困境，热情会支撑着你，也会感染你周围的人。热情是可以传染的，并且可以迅速发展为一种习惯！

热情能为我们做的每件事增添 5% 的活力与激情。生活中的成与败经常取决于那多出来的 5% 的细微差别，它能使我们坚持到终点线，然后胜利返航。

事实上，我相信，热情很重要，可以给人们的生活带来积极的改变，我们完全有理由要求每所学校把它列入课程计划。毕竟，这也是聪明的雇主们期待在雇员身上看到的一个关键特质。（我在挑选探险队成员时，这无疑是能得到我肯定的有巨大价值的因素。）

想象一下，你面试的应征者告诉你，他们喜欢早起并第一个到单位上班，乐于用微笑温暖他人的一天，会为同事冲一杯茶让他们开心。其实，这些都是在告诉你，他们工作有多么努力，并且他们愿意为工作额外付出。

哇哦！你肯定暗自想，他什么时候能来入职？无论如何，我一定会为这样的应征者打更高的分数，而不是成绩全优的应征者。

那么，怎样才可以传播这种热情，让更多人拥有？

最开始，你需要去激励，并多多利用实例。鼓励热情，这是我在童军训练孩子们时做的最重要的事。对于那些在学校里表现不是最佳的孩子，我试图让他们了解，只要做所有事都满怀热情，他们就能够脱颖而出，在人生的竞赛中拿到 A+——尤其是在身处艰难时刻，其他人都在抱怨哀叹的时候。我相信我的鼓励将会对他们的未来产生重大的影响。

成功常常追随良好的态度而来，二者如影随形。你可能不是跑得最快的、体格最棒的、最聪明的，或最强大的，但是，没有什么可以阻止你成为你认识的人中最具热情的那个。你只需靠自己的意志走得更高，从人群中脱颖而出。

所以，让热情成为你的日常习惯，即使是在你似乎缺乏热情的时候。我们每个人都可以选择自己的态度。选择积极态度的最佳理由正是它的反面——如果你不选择积极的态度，那么你只会落得一个消极，甚至是冷淡、无生气、缺乏立场的态度。

如果你每天都必须为自己装备任意一种态度，那么，你不如从这些态度中选择一种积极的，努力让热情成为生命中美好事物的驱动力。

人们将因此而喜欢你，并且记住你。毕竟，谁不喜欢和充满热情的人一起工作呢？至少我会喜欢这样的人。

不要消极做事

如果你喜欢品味过程，旅途的长度对你而言就不算什么。许多演员、登山者、音乐家要花几十年时间才找到自己的"成功"，但是他们最终能取得成功正是因为沉浸于自己喜欢的事业中。

这个世界上，只有在一个地方，成功（success）出现在工作（work）之前，那就是在字典里。在生活中的每一个方面，只有经历艰苦扎实的努力之后才可能获得真正的成功。这就是从工作中寻求成就感之所以重要的原因。以我为例，即使没有人给我付钱，我也愿意爬上崇山峻岭或是从悬崖峭壁上跳下。我这么做，是因为我喜欢大汗淋漓的酣畅，喜欢一步一步争取的过程，喜欢冒险，喜欢竭尽全力去做得最好，这样能让我感到自己还活着。

我敢打赌，即使没有人聆听，莫扎特也会一直谱写他的音乐。（事实上，在他人生中相当长的一段时间里，没有什么人关注他的作品。）

如果你喜欢品味过程，旅途的长度对你而言就不算什么。许多演员、登山者、音乐家要花几十年时间才找到自己的"成功"，但是他们最终能取得成功正是因为沉浸于自己喜欢的事业中。

带着激情做事，不去计较过程的长短，"成功"终将降临到你身上。虽然，它不一定是以你最开始期待的那种方式出现。

做自己喜欢的事情，就是成功的一种最高级形式。如果你从事的是你喜欢的事业，那么生命中将没有一天是工作日。

要想得到，必须首先给予

不管情绪多么低落，力量变得多么微弱，如果你可以"强迫"自己有个愉快的心情，捡起积极的态度，内心充满希望，你终会得到回报。

本书的许多建议都来源于我父母。我能由如此优秀且充满智慧的父母抚养成人，对此我总是心怀感激。接下来我要告诉你另一条来自我母亲的建议：

如果你想得到，首先必须审视周围，看看有什么是你可以给予的。

在我还是个孩子时，我就学会了一个简单的公式——只有在我选好一件旧玩具并决定将它捐给慈善商店之后，我母亲才会给我买新玩具。（我记得，这曾经是很让我烦恼的事情！）可是，当我年龄越来越大之后，我逐渐明白，给予之后才能收获其实是宇宙的规律。

当你希望有人可以帮助你，如果你曾经帮助过他们，那么，相比其他人，他们愿意帮助你的可能性要大得多。你希望你的庄稼地能丰收？如果你曾给予你的庄稼足够多的水分、肥料以及关照，你的庄稼地为你产出的就会更多。

但是，说不清道不明的是，我母亲的这条建议居然在野外同样适用。

在野外的许多次探险中，我曾经迷失方向、精疲力竭、忍饥挨饿，我的力气和能力都在慢慢耗尽。在这种情况下，退缩和放弃是人的本能反应。但是，我母亲的智慧一次又一次向我证明：要想"得到"好结果，你必须"拿出"些好的、积极的东西。

所以，当我疲惫时，我要求自己更加努力；当士气低落时，我想办法让自己振作。你瞧，不管情绪多么低落，力量变得多么微弱，如果你可以"强迫"自己有个愉快的心情，捡起积极的态度，内心充满希望（即使你当时并不真的有这种感觉，或者不相信这些念头），你终会得到回报。

尝试一下，当你劳累不堪的时候，别把屁股钉在椅子上，而去在运动中感受能量。很快，你就会恢复活力。当你埋头于案头工作，进步缓慢时，试着加快节奏，集中精力，然后全力以赴快速攻破，你的身体和头脑都会给你回应。

要想得到，必须首先给予。即使是在极端艰难的生存环境下，当你和同行伙伴都渴得要死，站也站不住的时候，也请让你的同伴先饮水，与他们分享更多。当你在做这些事情的时候，你也会变得更坚强。精神上的解渴总是强于身体上的解渴，这是人的天性。

我经常因为担惊受怕而度过了许多不眠之夜，不知道第二天早晨自己将面对什么，怎样才可以走出荒野。但是，我决定黎明一到，就让自己兴奋起来，保持微笑，集中精力，不管我实际感受如何——我准备好将自己百分之百投入接下来的任务。反过来，大自然也往往给予我回馈。

关于人生和攀登，道理非常简单：我们的播种即是我们的收获。为了得到，我们必须首先给予。

不要庸人自扰

过去已经成为历史，未来还是谜团，但是，现在则是一份礼物，这就是为什么我们称之为"present"的原因了。

曾经跟我一起在特种兵队伍里待过，并一起攀登珠穆朗玛峰的老伙计米克·克罗斯威特（Mick Crosthwaite），给过我一个非常有用的建议："永远不要为那些你无法影响的事情担心。"

换句话说，就是：**不要庸人自扰。**

想想看，你最担心的事情是什么？是在你能够影响到的范围之内还是之外？要知道，许多人都在为自己无法控制并改变的事情而忧虑。

米克的建议让我意识到，如果是我改变不了的事物，就没必要去为它担心。相反地，应该把时间和精力花费到那些你可以产生积极作用的事情上。

米克的建议非常有用，但是生活中，许多人并不是这样做的。

马克·吐温（Mark Twain）一句相当经典的自我评价是，他一生中的大部分时间都是在担心根本不会发生的事情当中度过。我想，人们经常会犯这类错误。也许，这也从某方面解释了为什么大部分人最终都没能到达他们的梦想之地。他们不敢……总是担心"万一呢?"

害怕和担心——不管是对于很久之前发生的事情,还是对于未来也许根本不会发生的事情——会将他们压倒,并影响他们的前行。所以,如果可以,放下你的担忧。

耶稣无疑有足够多的理由去担忧,他也有很多关于忧虑的高论。毕竟,他曾被钉在十字架上,忍受着人类的恶念与恶行给他的身体和灵魂带来的煎熬。这些忧虑足够沉重了吧!尽管如此,耶稣仍然说:"把一切忧虑都卸给我,因为我顾念你们。"

记住这一句话会非常有用,有许多次,它都帮助我战胜了心中沉重的忧虑。就算你还不太相信,就算你还没搞明白这是怎么回事,先试试看再说!除了减少一丁点骄傲,你能有什么损失呢?(何况拥有太多骄傲从来都不是什么好事情。)

对于忧虑的最后一个建议,请听好了:过去已经成为历史,未来还是谜团,但是,现在则是一份礼物,这就是为什么我们称之为"present"的原因了[①]。

你必须学会活在当下。

拥抱当下,品味当下,利用当下,珍惜当下。

当下不会永远停留。

---

① 在英文中 Present 同时具有"现在"和"礼物"的含义。

停止"尝试"

如果你尽力去做一件事情,这表明你有真正的决心、意愿为这件事情付出,并有坚持到底的耐心和能力。

这可能只是我个人的偏见,但是我真的不喜欢"尝试"这个词。"尝试"某件事情,听起来好像你根本没有真正付出努力,这种尝试的结果几乎没有什么悬念。(我的意思是,当你用"喜欢尝试"来描述一个人的时候,这说明什么?这话的意思其实是,这个人会把我们的忍耐力逼到极限!)

我们头脑中总是会把"尝试"和诸如"他已经尽力尝试了""再试一下"或者"我会试试看"这些话等同起来。试着去做某件事情其实暗示了,你已经准备好无法完成自己设定的目标。

所以,我用一个更准确的词来替换"尝试",那就是"尽力"。

如果你尽力去做一件事情,这表明你有真正的决心、意愿为这件事情付出,并有坚持到底的耐心和能力。同时,尽力听起来像是在从事一件宏伟、极致、生死攸关的壮举,这肯定会让旁观者对你的事业刮目相看。

我来给你讲讲我最喜欢的关于"尝试"和"尽力"区别的例子。

当一条新的高速公路修好后，山德士上校（Colonel Sanders）餐厅门前马路的车流顿减，餐厅几乎无以为继。山德士就快退休，靠着微薄的退伍军人补助，他的余生似乎看不见什么光亮。但是他很清楚，他拥有一样有价值的东西——他的炸鸡配方。

他没有钱再去开一家新店，但是他想到，他可以把炸鸡配方的使用权卖给其他餐馆，进而从每份卖出的炸鸡中分得一些利润。毕竟，他已经在自己的小餐馆里卖这份配方做的炸鸡很多年了，这能有多难呢？

答案是：非常难。

他拜访的第一家餐馆老板很客气地回绝了他，理由是："我们自己已经有一份很好的配方，为什么还要再花钱买你的配方呢？"他拜访的第二家餐馆也以相同的理由回绝了他。

接着，第三家亦然。但是，他仍然坚持。你知道在找到第一家同意尝试他"吮指原味鸡"配方的餐馆之前，他被拒绝多少次吗？猜猜看。

在第一次获得餐馆认可，表示愿意尝试之前，老山德士已经被拒绝了1009次。这之后，肯德基炸鸡的传奇商业王国终于诞生了。

想一想，我们中间有多少人在失败50次后就会想到放弃？（或者质疑自己的配方？）

那1000次失败之后呢？

我估计，绝大部分的人在尝试第100次以前就已经放弃了，而且远远不到第1009次时就会对自己说"唉，我已经努力尝试了"。这句话是个过得去的说法，但是，对于山德士这样的人来说，这绝对不是答案！

山德士作为一名退伍老兵，他身上有着军人坚持不懈的品质，有决心，尽力做事，在达到目标之前绝不放弃。

如果仅仅是尝试，那么可能离失败已经不远了；只有尽力，才更有可能接近成功。

但是这些都不过是文字游戏而已,我听到你嘀咕了。说"尝试"还是"尽力",这又能有多大影响?

确实有影响,相信我。言语表达了态度,而态度会影响人生。

生死在舌头的权下

改变你的说话方式，能够帮助你改变对生活，以及对所处境遇的态度。说什么样的话，我们的生活就会变成什么样。

语言是有力量的，它可以使你的生活变得更好，也可以使你的生活变得更糟糕。甚至《圣经》里都提到过：

生死在舌头的权下。

但是，这句话究竟是什么意思呢？

我觉得，"尝试"不是唯一该从你的字典里消失的字眼。比如还有"问题"，这个词立即让我联想起麻烦和痛苦。我更愿意用"挑战"来代替它。某种消极压抑的事物顿时变成了能够克服的障碍训练。

改变你的说话方式，能够帮助你改变对生活，以及对所处境遇的态度。说什么样的话，我们的生活就会变成什么样。

这就是为什么我在生活中从来都不会拥有"感冒"，尽管我偶尔享受"发热"。我拒绝把周末称为 weak-end，因为这个词意味着示弱，我把它称为strong-end。① 我向你保证，如果你试着这么做，你那48小时会过得充实有效率得多！

那么，关于"闹钟"（alarm clock）这个词呢？"Alarm"（警报）这个词会让我联想起紧急情况，似乎我的生命处于危险之中。以这样的方式来开始新的一天是很糟糕的。所以，我把我的闹钟称为"opportunity" clock（"机会"钟）。它把我从床上叫醒，并给予我用双手把握生活的机会。

然后，糟糕的一个词莫过于"不能"。每当我听到有探险队员说"这事不能完成"时，我总是不厌其烦地更正："我们不过是还没找到解决方法罢了。"

奇遇由此开始！当你开始使用这种全新的说话方式时，肯定会有许多人觉得你"疯"了。但是，值得庆幸的是，你至少能够令他们莞尔一笑，同时，通过不断重复这些话语，你终将会把它们变成现实，而大部分人仅仅是在梦想而已。

我愿意为实现这些美好的事而被当作疯子，你呢？

---

① 在英文中，周末一词 weekend 和 weak-end（虚弱的结尾）同音，而 strong-end 则是"强者的结尾"。作者在此玩了文字游戏。

痛并快乐着

你无法选择环境，但是你可以选择自己的态度。积极的心态能带来积极的结果。保持愉悦的另一个好处是：人们更愿意与那些让他们感到高兴的人相处并为其提供帮助。

在我曾经的军旅生涯中，我与皇家海军突击队有过多次合作。突击队里流传着一句格言"痛并快乐着"，这是突击队的一条重要原则，也很值得我们在生活中借鉴。

当一切事情进展顺利的时候，我们很容易保持心情愉快。但是，真正有意义的快乐是，当情况变得糟糕透顶时，你还能笑得出来！

记得有一回在北非的沙漠中和法国外籍兵团一起训练时，我们度过了非常不舒服的一晚。为了不让我们睡着，下士们轮岗，每过15分钟便给我们来点刺激。

他们会突然冲进营房，把我们的工具扔得到处都是，甚至扔出窗外，把整张床翻过来，或者把置物柜里的物品扔到沙漠里。我们好不容易把所有东西都收拾回原位后，他们立刻又来一次。那一整晚我们都很辛苦。但是，有一名叫波比（Bobby）的士兵让我很难忘。大概在凌晨四点半左右，正是人最疲惫、与困倦斗争最辛苦的时候，我们整个晚上都被剥夺了睡眠，而那些下士们正全副武装要对我们进行"袭击"。此时，波比看着大家，笑了笑说："马上就到早餐时间了！"

他说这话的时候，正一边从营房的椽子上取下他的装备，一边朝大家调皮地笑着，顿时大家的精神头都上来了。

从那以后，每当遇到什么特别困难的情况，我就会对自己说："别担心，马上就到早餐时间了！"这句话总能让我微笑。

你瞧，波比知道，当面临困境时，我们总是有两个选择：要么一味地抱怨，要么静静地微笑，然后着手解决问题。记住：没有人喜欢抱怨者。难道我们会不喜欢那些当工作压力堆积如山，还可以轻松地说出"好了，让我们放上音乐，分好工，然后迅速搞定一切。马上就到早餐时间"的人吗？

生活中充满了磕磕绊绊。所有伟大的目标，不管被描绘得多么美好辉煌，总是不可避免地要经历一系列沉闷的步骤，任何事情都是这样。抱怨或者心情低落对于改善现状毫无帮助，反而会把事情变得更糟。

在探险途中，保持积极愉悦的心情对我而言与获得干净的水源同样重要。特别是当你置身于生与死的边界时，这更是无价的财富。

你无法选择环境，但是你可以选择自己的态度。

积极的心态能带来积极的结果。保持愉悦的另一个好处是：人们更愿意与那些让他们感到高兴的人相处并为其提供帮助。在逆境中，你应该尽可能获得你可以寻求到的任何帮助。

所以，向皇家海军突击队学习，学会对雨天微笑，学会痛并快乐着，把那些困难的时刻视为展现你气魄的机会。

"马上就到早餐时间了！"

学会制造动力

我们每天都需要新的动力！我们每天都在面对生活琐事，可能志气受挫，可能心灵染尘。所以，我们每天都需要给心灵添加阳光。

这些年，我注意到，许多人都对"自助类"书籍不屑一顾，正如对本书一样。他们嘲弄那些阅读这类书籍的人，或者是那些参加此类培训课程的人。对于自助类书籍和演讲的批评主要集中在它们带来的激励总是非常短暂的，人们不会因为阅读了书，或者听了演讲就精神倍增并一直持续。

我的回答是：当然，它们的效果非常短暂，但是正如清洗腋窝一样，今天洗了不代表明天依然干净，这就是为什么你必须每天都清洗你的腋窝！

同理，我们每天都需要新的动力！我们每天都在面对生活琐事，可能志气受挫，可能心灵染尘，所以我们每天都需要给心灵添加阳光。

获取动力的秘诀是把它变成你日常生活的一部分，就像刷牙洗脸，坚持练习，直到成为你每天的习惯。

所以，给自己来一次大换血，重新鲜活沸腾起来而不甘于浑浊死气，处理干净那些阴霾消沉，换上干净鲜亮的心情，让你的心灵能量满格。永远不要让你的油箱饿肚子，只要有机会就往里面添加新鲜纯净的优质燃料，保证在人生赛跑时，能够一直保持最佳状态。

我们为头脑和健康投入得越充分（比如食用优质健康食品），我们越有可能收获好的结果。并且，这是一个长期过程，不会一蹴而就。

在那些对我产生重大影响的书籍中，有一本斯科特·亚历山大（Scott Alexander）撰写的小册子，叫《犀牛成功学》。这个书名可能有点怪，但是的确值得一读。我最初是在12岁时读到的这本书，直到现在，我仍然每年都会重读一次。

这本书教会我像犀牛一样活着——全神贯注于一个目标。以百分之百的决心向前方的阻碍和目标发起冲击，以厚实的躯体抵抗企图阻止你的石与箭。

直到今天，莎拉仍然喜欢在我生日的时候送我一件犀牛礼物。犀牛灯罩、犀牛拖鞋、犀牛靠垫、犀牛门把手……还有许多你想不到的东西。现在，为我搜罗最奇怪的犀牛小玩意儿已经是家人的一件趣事。但正因如此，在家里随处可见的犀牛一直提醒着我这本书所昭示的朴素（且有趣）的真理。它们每天都在提醒我，做生活中的犀牛。

所以，找到适合你的方法，让获取动力变成你日常生活的一部分。

比如，在浴室的镜子上写下自我鼓励，在厕所边上放本激励人心的书方便你利用时间随手取阅，在任何可能的时候给你的头脑补充些营养。

你每天都坚持这么做，很快就会成为你的习惯，一个好习惯，一个每天都在帮助你爬得更高、梦想更远、学会享受生活的习惯。

* * *

不过，即使是我，有时候也会感到缺乏动力，震惊了吧！

我也是普通人。

所以，如果有时候你感到动力不足，别担心，这很正常。给自己点时间好好休息，打个小盹，出门走走，沏壶清茶，然后让自己振作起来，让你理智的头脑重新充电。

不要否认自己偶尔会有些污浊的想法，给它们一点时间，然后将污浊排到体外！

所以，如果哪天你过得不顺心，一定不要自怨自艾，我经历过太多这样的时候，并且在未来还会经历更多。

来次深呼吸，安慰安慰自己，毕竟你只是个普通人，然后振作起来，继续前进。

冠军不会沉浸在消极情绪中。

心情不好的时候，我有些小诀窍让自己尽快好起来。比如做体育锻炼时，我会告诉自己，你不必坚持很久，但是至少坚持三分钟，必须要有个开始。每次做完那三分钟之后，我就发现自己状态不错，想继续下去。最难的部分总是开始，所以，我不断重复自己的"三分钟就好"，其实，我从未停下来。

不管使用哪种办法，尽可能每天给你的大脑和心灵浇灌动力。别忘了我讲的腋窝的例子。

不要和消极的人做朋友

结交那些比你更优秀的朋友，挑选比你更强大的队友，都是帮助你成长的绝佳途径，它使你提升，激发你的潜能，让你变得更加强大。

你是否听过一句老话，你可以通过某人身边的朋友去判断他自己的为人？在前面，我就说过别和那些盗梦者为伍，但是，生活中还有一些人在我们身边，而他们对我们毫无益处。

如果你有这样一位朋友，他总是打击你，贬低你的想法，或者看不起你穿衣、听音乐或者读书的品位，我保证，在见过这位朋友之后，回到家的你肯定对自己信心大减。我们每个人身边还总是有一些这样的朋友：他们一见到你就大嘴一张，开始往外倾倒关于他们生活的情绪垃圾，一泻千里，停不下来。

假设有人来你家拜访，一进门就把一袋垃圾撒得遍地都是，你肯定会疯掉。并且，你很可能再也不愿意邀请他来你家。那么，对于那些往我们身上倒精神垃圾的人，我们也该做出同样的反应。

尽管消极言语是无形的，并不代表它们不会把你的生活变得邋遢，污染你的梦想和心态。不要和这样的人往来。

相反地，如果你有一位朋友总会为你相同的老笑话笑个不停，能鼓励你去尝试新鲜事物，跟他在一起你会自我感觉良好，他就是你该多花时间相处的朋友。你会得到积极且对你有好处的东西。

你和那些对你有害无益的朋友相处时间越短，与那些热情有益的朋友相处时间越长，你对自身的评价就会越高，你也会朝着更积极的方向发展。我们都是社会性动物，我们总是倾向于和那些经常相处的人趋同，这是人类的天性。

所以，要经常跟那些相信你的雄心壮志，并给予你帮助的人在一起。

这就是为什么在每次重大的探险活动前我总是小心翼翼地挑选队友。我不是只选那些技能优秀的人——这个世界上总不缺有技能的人。我挑选的是那些既具备良好技能，同时也具备良好态度的人。

我指的是那些看到杯子是半满而非半空的人；那些把障碍视为挑战而非问题的人；那些帮助他人，鼓励他人，能在关键时候拔刀相助的人。

结交那些比你更优秀的朋友，挑选比你更强大的队友，都是帮助你成长的绝佳途径，它使你提升，激发你的潜能，让你变得更加强大。

可惜，大部分人经常做出相反的选择：他们宁可选择那些能力或者地位比他们稍低一些的朋友或队友，因为这样会给他们一种优越感。但是，这不利于成长，反倒会把他们带向平庸。

真正的冠军、真正的顶级人物，会选择与那些能够帮助和启发他们的人结交朋友来提升自己。他们通过感受别人的鼓励，学习别人的言行和处事态度，努力成为更好的自己。

PART 5
塑造自我（Ⅲ）：行动

专注目标

马克就像是一头犀牛,认准目标,然后不断向任务发起进攻。马克的目标就是第二天的新奥尔良假期。前面每出现一个障碍,马克就用他的犀牛角顶住,冲破障碍努力向前,在达到目的以前绝不罢休。

人们总是说,如果你真心想实实在在做好一件事情,多向那些忙碌的人请教。这话再实在不过了。忙碌的人大多是行动派,他们会想办法让事情有进展,能有效安排、管理时间,保证事情顺利完成。

我的好哥们儿马克(Mark)是我所见过的最忙碌的人之一。他有4个孩子,同时管理着多个童军团体,他要花大量时间从事本地的志愿活动,还要健身保持体能,带孩子进行户外运动,陪妻子外出吃饭享受婚姻浪漫,还无数次帮助我管理组织童军户外探险活动,并且,他居然还经营着一支24小时铁路危机反应队!

尽管如此,马克总是表现得非常冷静,有条理,目的明确,并且保持微笑。他有什么秘诀呢?

马克总能很好地管理他的时间,如果当日能够完成的事情,他绝对不会拖到第二天。他总是正面迎战每一天和每一项艰难的任务。他不像许多人那样，在困难的交涉、疼痛的训练和烦琐的杂事面前犹豫不决。相反，他总会首先选择最难的任务，并且一往无前。

马克讨厌半途而废。他说，那些干了一半的事情除了塞爆他的收件箱和任务清单以外毫无意义。他乐于每次只做一件事情，只有这件事情完成后，他才会开始做下一件事情。

我曾经问过马克，他是否向来都是这样。哪知道，马克回答我说："怎么可能！但是，从我被邀请去新奥尔良那次之后，一切都变了！"

我很好奇："为什么是新奥尔良？"

过去的马克习惯于在每天的一开始，先在脑子里过滤一遍当天要做的事情，列一张恐怕是史上最长的任务清单，他会无奈地叹气，再姑且从中挑出几样简单好玩的任务开始他的一天。接着，需要照顾的孩子、饥饿的肚子、老板的电话、突然拜访的来客等状况，随时都会把他从手头的工作中抽走。

等到这一天快要结束的时候，那些高难度的工作依旧没有被触碰，而马克的任务清单上的项目只会越积越多，那些开始让他觉得有趣的事情也变得索然无味。

这种感觉对你来说是不是很熟悉？直到有一天，马克接到了一通电话。

电话是马克最好的哥们儿打来的，他让马克在沙发上坐稳，准备迎接一个天大的好消息。马克竖起了耳朵。

马克的哥们儿说，他在一个比赛中赢了大奖，奖品是到新奥尔良度假一周，提供两张头等舱机票、一周的五星级宾馆免费住宿，另外还有一万美元可支配……他问马克是否愿意和他一起体验这次新奥尔良之旅！

马克的心顿时飞上了天。他一直希望能有机会去新奥尔良，并且他也的确需要一个假期。他不想错过这次机会。

唯一的小问题是,机票必须在最近两天内使用,否则就会失效。

"两天?"马克答道,"但我还有好多事情没做完,至少得花两个星期才能处理干净我桌上的那堆事情。"

但是,日期已定,究竟是去还是不去呢?答案很明显。

这意味着马克只剩下一天时间去完成那堆事情了。他需要把十多天的事情在一天之内搞定。

第二天一大早,天还未亮,马克就醒来跑到楼下,准备开始应对那堆魔鬼般的任务。

他泡了一小杯茶,做了些伸展运动,然后一头扎进办公桌,全神贯注地工作起来。他必须将这些事情都处理完毕才能去新奥尔良,而且必须在今天完成。

那天早上,马克在以从未有过的方式工作:他不再对那些有难度的事情挑挑拣拣。那一天与平日不同。他从排列在最前面的工作开始做起,直到一个任务做完,归好档,所有的程序都完全结束,他才开始做下一件事情。

马克就像是一头犀牛,认准目标,然后不断向任务发起进攻。马克的目标就是第二天的新奥尔良假期。前面每出现一个障碍,马克就用他的犀牛角顶住,冲破障碍努力向前,在达到目的以前绝不罢休。

到午饭时,马克已经完成了任务表上将近一半的任务。他是如此专注,甚至都忘记了吃饭。到下午4点,马克做完了所有的事情。所有的任务都完成了,马克将身子往后一仰,带着满足长吁一口气,看到自己在不到一天的时间内做完了两个星期的事情,他也觉得非常了不起。

当马克坐在那儿,欣赏着自己的劳动成果时,突然一个念头闪入他的脑海,给他带来了一生的改变……

"想象我每天都要去新奥尔良！"

如果我们能够始终如一地以去新奥尔良的态度对待我们所做的事情，想象一下，我们可能已经做了多少事，完成了多少目标，帮助了多少人，进行了多少次冒险旅途，有了多少次晋升机会……

这就是为什么当我被很多事情缠身的时候，我就会告诉自己："是去新奥尔良的时候了！"

保持健康

不管我们的身体素质有多好，如果我们不合理地给它补充营养，进行训练，很快身体就会出现问题。

我反复强调，心理上的准备是成功的关键。但还有一个因素绝对不能轻视，那就是合理的营养和训练，如果没有长期合理的营养摄入和持久锻炼，你实现目标的能力同样会被大大削弱。

如果你开的是一辆状况很好的法拉利，却把本该给拖拉机喝的柴油灌进法拉利的"胃"里，除了熏人的黑烟和发动机回火之外，你可别指望能有什么好结果。

对待我们的身体是同样的道理。不管我们的身体素质有多好，如果我们不合理地给它补充营养，进行训练，很快身体就会出现问题。不要妄想只靠那些加工食品，且不对你的身体进行针对性训练，你就能登上心目中的珠穆朗玛峰。

好的方面是，要想保持良好的身体条件并不需要多么复杂的知识。首先，保证营养非常重要：尽可能避免吃加工类食品，比如白糖、过多的盐、饱和脂肪、白面包、白面粉，以及过量的酒。

要多吃水果和蔬菜，尽可能吃未经加工的食物。吃全麦食物，比如糙米、全麦面包，选择那些在自然环境中生长的食物——你肯定没见过哪棵树上结甜甜圈！食用自然脂肪，比如坚果、牛油果，尽可能从火鸡、鱼类中摄取瘦蛋白，少食牛肉和猪肉。

如果你坚持这么做，你就能在减轻体重的同时让你的肌肉、大脑和心脏更加强健有力。

我喜欢遵循80∶20规则，就是在80%的时间里我都吃得很健康，剩下的20%就让自己吃得放纵一点。（在此提一句，如果你完全执着于健康饮食，你的生活会非常乏味枯燥；但是，如果你拼命吃巧克力，总有一天你再也不会享受到吃巧克力的乐趣。）所以，把那些美味的东西作为偶尔的补偿，但是不要把它们当作主食。一旦吃了什么不健康的东西，就再吃双倍的健康食物补回来。总之，适度是关键。这就是我给身体加油的方法。

现在该说说身体的锻炼了。保持良好身体条件的关键是把运动变成习惯，让运动穿插在日常生活中。

我基本上每周有5至6天都会运动。你可以不必这么频繁，每周三次就足够了。每次，我都会兼顾有氧运动、力量训练和灵活性训练。至于每次运动的时长，短时间运动的效用其实更大。我一般会进行30至40分钟的高强度运动，而不是平稳地运动一小时。高强度运动可以更持久地刺激你的新陈代谢，更有效地促进肌肉生长。

另一个关键是让运动变得有乐趣。找到一项你喜欢的运动，可以是打网球、徒步跋涉或者是和同伴一起进行循环训练。当你觉得运动有趣的时候，总是会感觉更轻松，时间也过得更快。

还要记住，我们总是可以找到不去锻炼的借口。如"我的训练伙伴身体不舒服""我还在放假呢""我这周要出门旅游"等。但是，千万别被那个"偷懒的你"给影响了。我会在机场练瑜伽,在丛林里练习引体向上,甚至在酒店里练习阶梯冲刺。只要愿意,你可以在任何地方进行运动。即使你这段日子相当忙碌没有时间运动,你也可以每天花两三分钟做一下高强度自重循环训练,这可以极大地提高你的健康,并能改善心情。关于健康生活方式的最后一个建议是,让运动成为生活的一部分。我的意思是多爬楼梯少乘直梯,乘扶梯时尽可能保持爬梯而不是站着不动。不管做什么事情,尽可能充满活力和能量,这样,你就可以活到一百岁。(事实上,能不能活到一百岁我可不能保证。但是,我敢向你担保,多运动,你会活得更健康、更满足,因为运动能刺激血液循环并且释放出有益的内啡肽,促使身体机能达到最佳的工作状态。)

所以,我们应该健康地吃、聪明地运动。这两点用一篇的篇幅就很好地讲清楚了,正如我告诉过你的,这不需要多么复杂的知识。

轻装上阵

如果你无精打采，垂头丧气，被垃圾情绪填满，你就可能错过你的那次机会。所以，请明智地审视一下你所携带的"行李"，以及你对于这个世界的态度。它们定义了你是谁。

1. 准备行囊的艺术

现在，我想是时候告诉你们一些正确准备行囊装备的关键要点了。希望这些可以帮助你在面临困难时顺利过关。

首先要明确，我们面前同时放着"有用的"和"没用的"装备。"有用的"是我们将会挑出来放进行囊的东西，而"没用的"则是需要扔出行囊的部分。最终，我希望你能清楚如何根据需要给自己的生活和旅途装备一套超级实用、功能齐全的行李。

我想说说为什么我们需要确保装备轻便。在长途跋涉中，显然你不会想携带多余的装备。不必要的装备只会徒增负担，过多的行李只会减缓行进速度。我主持的电视节目之所以受欢迎，一部分是因为它教你如何仅凭一瓶水、一把可靠的小刀和一些关键的求生知识就能存活下来。

事实上，态度决定一切，最重要的资源来自我们内心。拥有合适的技能、正确的态度，这就足够了，其他都是多余的。

在长途跋涉中，你可以很容易地分辨出哪些人是新手——通常他们的背包是最大的，里面装满各种炊具、衣服和其他永远用不上的累赘物品。每天，他们都会被过重的行囊拖累，当下起雨来，气温寒冷、精疲力竭时，肩上过重的负担可能是摧毁他们的最后一根稻草。这样的情景我见过太多，在童军旅途中，在大型远途跋涉中，抑或在电视节目拍摄中。

打包行囊的艺术是成功的远途跋涉必不可少的一部分。对于生活也是一样的道理。首先，我们有必要看看我们中的大部分人是如何为生活"准备行囊"的。

在过去这些年里，我所见过的许多人中，有不少人不管走到哪里，总是背着过重的情绪负担，最终把自己压垮。这些负担也许是他们父母的期待，期望他们从事某种"应该"做的事情，而不是他们自己"热爱"做的事情；或者是对于未来的强烈恐惧；又或者是如果从事某种"不一般""不受追捧"和"钱"途不远大的职业时，担心其他人看自己的眼光。不论是什么原因，这些人总是扛着一些不必要的负担，无意识地一生都按照别人的某种预言进行下去，即使这些所谓的"逆耳忠言"完全是不正确的！

许多人从小头脑里就被灌输了太多负面消极的东西，这些都对他们性格的塑造产生了影响。"你做得不好，你真是愚蠢，你简直是个失败者，你很丢脸……"别人给了你许许多多的否定，但并不代表这些是事实。在这里我要说，别人强加给你的负担，并不能构成你身上的事实。没错，你或许曾经在某些事情上失败了。那又怎样？谁没有失败过？这并不能说明你就是个失败者。"你真是愚蠢"也是错的，你一点也不笨。

你考试不及格可能只是因为没有好好复习！

看出解决办法了吗？面对失败，继续尝试；对于考试，更加努力。好的地方在于，这些都是你可以通过努力提升的能力。对于那些别人给的评价，相信我，那些说的都不是你，你完全不需要为他们戴上那些标签。

保持活力，扔掉负担，轻装前进。

2. 卸下包袱

在进一步讨论之前，我想，我们现在有机会承认，也许我们每个人多多少少内心都有愧疚，认为自己在为别人的渴望而不是自己的渴望而活。并且，现在就是一个绝好的机会，去对活在惧怕和别人期望中的自己说："到此为止！"

要面对那些固有的消极情绪从来不是件容易的事，但是，重新为生活和旅途整理行囊总是件好事情。

毕竟，我们携带"没用的"装备越多，我们就会行走得越慢，能走出的距离就越短。我们每个人都有选择的权利。当我们轻装上阵，抛开那些没用的东西时，就会有奇迹发生。首先，我敢保证，你会笑得更多，担心得更少，成就梦想的可能性更大。

轻装上路，让我们能更快地调整旅途的进程或者是职业的路径，更自由地听从内心的呼唤。生活中并不缺少极好的机会，但是，人们常常太"忙"，或者过于愤世嫉俗，忽略了这些机会，从而彻底错过了那些激动人心的崭新旅途。温斯顿·丘吉尔曾经说过，每个人都曾有一次实现梦想的机会，但是，并不是每个人都善于抓住机会。

如果你无精打采，垂头丧气，被垃圾情绪填满，你就可能错过你的那次机会。所以，请明智地审视一下你所携带的"行李"，以及你对于这个世界的态度。它们定义了你是谁。它们是提高了你的生活质量,为你梦想的实现增添了更多机会,还是在妨碍你?

一个好的背包客一定是一个很难被打垮的背包客。所以,不仅要果断也要足够灵活:对你毫无益处的东西,就把它放在一旁,或者干脆扔掉,卸下包袱。我们信仰和态度的改变发生在每天的一点一滴间。当你意识到自己按照以前那样消极的方式看待某人或者某事时,及时制止你自己。

思考。

检查。

改变。

更新。

完成后,微笑,继续前进。

练习足够多次,你一定会有所改变,会变得更好、更强。童军的箴言非常简单:时刻准备着。所以,如果不管生活给予你什么,你都希望能做好准备,就轻装上阵,保持敏锐,带上积极有益的东西,掩埋掉消极无益的东西,当机会来临时一定要紧紧抓住。

通常,我们就是这样为冒险之旅做好准备的。

埋头苦干

我们的目标不是在最后一刻实现，而是早在决胜那一刻之前，在日复一日、年复一年的准备训练过程中达到的。只要你能坚持合理的训练，问鼎巅峰、获得金牌都会是水到渠成的事情。

这些年中，我遇到过许多人，他们发誓为了赢得一场比赛，或为了爬越一座高山要付出所有的代价。但是，有时候，单有想征服的念头是远远不够的。

实际上，如果你缺乏沉下心，认真刻苦为你的目标做准备的决心，那么所谓征服的念头不过是虚无缥缈。

比赛的当天是最轻松的：所有的目光都聚焦在你身上，你的肾上腺素直往上蹿。但是，一场比赛的胜负其实取决于你的准备过程：比方说清晨5点半，当你还留恋于温暖的被窝时，却不得不爬起来走入雨中开始跑步训练。但是，不要陷入埋头苦干却没有从训练中收获该有的技巧和资源的恶性循环中。我很喜欢戴利·汤普森（Daley Thompson）的故事，他是曾在两届奥运会中夺冠的十项全能选手。他曾经说过，一年当中他最喜欢的训练日是圣诞节，因为他知道这是他的竞争对手不会训练的唯一一天。这是给自己的一种承诺,也是他获胜的部分原因——他看到了自己可以比他的对手快 1/365 的机会!

不要忘了,我们的目标不是在最后一刻实现,而是早在决胜那一刻之前,在日复一日、年复一年的准备训练过程中达到的。只要你能坚持合理的训练,问鼎巅峰、获得金牌都会是水到渠成的事情。

我很愿意相信这个理念,因为它说明回报是为那些勤奋刻苦的人准备的,而不是为那些光有聪明头脑的人准备的。

要么不干，要么干好

一旦开始一件事情，不做好就不算完。不管事大事小，要么好好干，要么就不干。

我曾在雪墩山国家公园参加学校组织的旅行，这是我的第一次登山探险经历。那一次，我学到了有关帐篷的重要一课，也是有关人生的重要一课。

我们在午夜之后才到达营地，天开始下大雨。当时，大家都浑身湿透、精疲力竭，迫切希望赶紧搭好帐篷躲进去。由于我们缺乏经验，又心急火燎，我们偷工减料、尽可能省事地支起了帐篷。

大概到了凌晨三点，情况开始不对劲了。我被帐篷支点折断的声音弄醒了，接着，是一声沉闷、不算大的帆布坍塌的声音。没事儿，我告诉自己，还有其他支架在那里支撑着呢。

于是，我和朋友沃特翻了个身，继续蜷在睡袋里，当作什么事情都没发生。但是，失去了一个支点的拉力意味着其他支点承受的拉力更大。在一声巨大的折断倒塌声响后，我们的帐篷失去了最后的支撑。

沃特和我躺在一片漆黑之中，身边是一摊泥水，身上压着潮湿冰冷的厚重帆布，窒息难耐。所有东西都被浸湿了，钻心地冷，在这趟旅途剩下的时间里，我俩无时无刻不在后悔，自己一开始没有把工作做好，或者至少，在第一个支点折断的时候，应该从睡袋里爬出来将帐篷重新修整一下。

　　这个故事的警示非常明显：如果有事情需要完成，那么，一定把它做好。我母亲原来经常说：一旦开始一件事情，不要做好就不算完。不管事大事小，要么好好干，要么就不干。

　　我母亲是位非常睿智的女士。她的意思就是做事情要尽量讲求成效才可能成功，而不是抱着半冷不热的态度。在最开始就抱着把事情做对的态度，会保障你所做的事情都按照合理标准进行，不必担心细小的裂缝被撕裂成大口子。反过来，这也会为你树立信心。当你自信的时候，就能取得更快的进步。

　　所以，要么不干，要么干好。

切勿想当然

在判断方向时，我们都会有犹豫的时候。"我们是在这个位置，还是那个位置？"于是，我们便"假设"再走一两英里就能看清形势。但事情总非如此。

你听过这句老话吧，"只有傻瓜才会想当然"。这句话再正确不过了。

在许多次徒步探险中，我发现要么我自己，要么其他人总是会陷入一种窘境：想当然地以为肯定有人带了某样工具，比如绳子、食物、燃料，最后发现，所有人都在"以为"同样的事情会发生！

我喜欢在野外探险的一个原因是，每一个小细节都非常重要。走错一步，错失一个机会，或者一次错误的判断都可能关乎生死。

在这种环境下，你很快就会发现不可以再轻易地做假设。当你必须依靠合适的补给才能存活，或者必须懂得你的降落伞有没有正确打包时，你就不会把这些细节当成想当然的事情。

这对于你日后的生活也是不错的锻炼。如果某样东西非常重要，你最好多检查几遍，永远不要想当然。总是问一些简单的问题，这也许会让你看上去有点傻，但是当个傻子总比关键时刻掉链子好。

自负总会让我们不好意思问出那些"傻"问题。但是，在探险过程中，我见过许多"聪明"人被自己的自负绊倒，摔得面目全非。

在探险中进行路线导航时，准确清楚的判断力和"不要想当然"的能力尤其重要。

在判断方向时，我们都会有犹豫的时候。"我们是在这个位置，还是那个位置？"于是，我们便"假设"再走一两英里就能看清形势。但事情总非如此。

许多情况下，如果你不能迅速行动，判断中的小失误可能变成导致严重后果的大错误——这个道理适用于在山峰间寻路，也适用于在生活中寻路。

当你不确定方向时，要遵循的原则就是及时止步，停下来，重新评估环境，如果需要的话，向其他人寻求帮助。相信我，要及时找出错误，避免日后引起更大的麻烦。没人希望向导在带领队伍迷路之后才想起去问知道路的人。根据我的经验，大部分人都很乐于帮助别人，并且喜欢别人征求他们的意见。

所以，请把你的自负放到一旁，让别人来帮你一把。任何人的成功都是因为站在许多人的肩膀上——那些曾经帮助过他的人的肩膀。

不要想当然，保持谦卑，不管你需要的帮助是多么不起眼，都不要羞于询问。

随机应变

迈克·泰森有句名言:"每个人都曾制订过一份计划,直到他们被迎面痛击的那一刻。"

面对探险、考试、婚姻或比赛等事,不管你预先准备得多么充分,在真正身处其中时,总有可能发生意外。

冒险是不可预测的,所以最好学着灵活一点,学会在密集的打击之间移动闪躲,否则你就会挨揍,道理就是这么简单。

迈克·泰森(Mike Tyson)有句名言:"每个人都曾制订过一份计划,直到他们被迎面痛击的那一刻。"

如果眼前的冒险非常激动人心,那么,可以打包票,你将不可避免地遇到迎面痛击。所以,准备好迎接那些不可预料的状况,记住,预先防备就等于提前做准备。

在战场上,在战火交织的时候随时可能发生意外,弄清楚这一点就已经打了一半的仗。这意味着,当意外发生的时候,你可以迅速反应、保持敏锐、顺利过关。

在部队中我们常说,当情况不妙时,你必须"随机应变,适应局面，然后战胜对手"。面对突发的意外情况，这是一条非常值得你牢记的建议。

面临困境或者措手不及的局面时，人们总是因为紧张而身体僵住，这是人在震惊时候的正常反应。但是，无法动弹可能会要了你的性命。所以，学会预计并面临那些意外突发事故，当它们来临时，对自己报以微笑，把它们当作你通往成功道路上的里程碑。如果你还从未遭遇过意外挫折，这说明你的雄心壮志还不够！

我还想说，真正的冒险正开始于情况变得恶劣的时候。只有此时，你才能让自己在荒野中与最糟糕的情况搏斗。当一切都按照计划顺利进展时，我们并没有真正考验自身的机会，在顺境中当英雄是很容易的。

但是，当环境不利于发展，生活好似战场的时候，我们才能真正看清周围人的本质。只有在逆境中，性格才得以塑造。没有斗争和挣扎，就不可能有成长，不管是在身体上，还是在精神上。所以，拥抱意外，从中汲取营养，把你自己训练成一个反应敏捷的好手，你会在通往成功的天梯上走得更远。

善于创造

不管生活给予我们什么，就算是一粒再小不过的种子，我们也可以通过勤奋、努力、想象力，加以各种资源，变出些什么新东西来，从而打破窠臼。

俗话说：如果生活送你柠檬，就把它变成柠檬汽水。

这句话总是让我觉得好笑。但是，能够把酸涩没人喜欢的柠檬变成甜甜的带气泡的柠檬汽水，是成功人士的关键素质之一。它需要的是多一点的想象力，还有大量的勤奋工作。

毫无疑问，有时候我们在生活中也会得到"柠檬"，没人可以幸免。这只"柠檬"可能是某种无法治愈的疾病，可能是士兵被路边炸弹袭击，可能是水平很差的教育，或者一个有缺陷的孩子，也可能是飞机在丛林中迫降，车子在沙漠中抛锚，或者是失去了心爱的人。

坏事总是在上演。我们都明白这一点，对吗？而我们如何应对这些坏事，则决定了我们未来的走向。

最有用的生存技巧之一就是机智：把那些不起眼的变成不一般的。这可能只是简单地把袜子穿在鞋子外面，以穿过打滑的冰川表面；也可能是跨越沟壑时临场发挥，用旧绳子和捕猎夹子制作一个抓钩。

重点就在于聪明地思考，反向思考，用左脑思考。

需求是发明之母。这句话的含义是，如果你缺乏你所需要的东西，就会想尽办法去发明制造能满足你需求的东西，无论要花多少工夫。并且，没有什么可以像探险那样教会你发明和即兴思考：你必须利用现有的条件创造你需要的一切东西。

在野外生存让我们的资源快速消耗，这也正是其魔力所在。但如果我们拥抱挑战，发明创造的道路也会向我们开启。

同样，不管生活给予我们什么，就算是一粒再小不过的种子，我们也可以通过勤奋、努力、想象力，加以各种资源，变出些什么新东西来，从而打破窠臼。

你可能会以为成功的人一开始就拥有成功所需要的各种条件，就好像那些原料都放在盘子里等着被他们拿去用。实际情况并不是这样。

即使是那些幸运的人——拥有最好的教育，穿着最好的衣服鞋子，吃着最好的食物长大——他们的未来也未必有保障。这些优势可能会带来更多机会，但是，他们需要准备好，知道怎么去利用，否则这些机会也是毫无意义。

成功的人善于利用周遭一切条件，不管看上去多么没有利用价值，他们都能想办法弄出点名堂。可能一开始的时候成果甚微，但是这毕竟是往前的一步，沿台阶向上的一步，正是这些积聚的步伐把他们带向成功。

去看看那些曾经对世界产生影响的人的故事。他们总是从小事做起，而他们脱颖而出，是因为懂得如何花费时间，利用机会、关系，以及面对困难。马丁·路德·金（Martin Luther King）、纳尔逊·曼德拉（Nelson Mandela）、甘地（Gandhi）……还有更多的名字。这张名单很长很长，但他们之间共有的品质就是那么几个。拥有坦然接受"柠檬"的智谋和改变它的决心，这无疑是他们成功的核心。

幸福人生的秘诀，其实就是善于利用我们周遭的资源——那些认识的人，拥有的财和技能——然后想办法把这些整合在一起，使其作用大于简单相加后的总和。

这就是制作柠檬汽水。

不知多少次，在野外，我感觉自己被完全打败了，但是，我依然继续向前，仍然尽量聪明地思考，去想各种计策，保持积极乐观、精力充沛，不去理会自己究竟有多么困倦。这么做，总给我带来不一样的结果。

我们不是总能选择自己的环境，但是我们可以选择自己的生活态度。当意识到自己有能力改变自己命运的时候，我们就能体会到自己的力量。

在野外的生活，教会了我不去害怕意料之外的事情，而是去拥抱它们。事实上，据我所知，正是那些角度意想不到的曲线球造就了我们。

相信直觉

听从内心的声音，让我们在茫茫人海中找到自己——世界上有许多人在人生轨道上横冲直撞，匆匆忙忙或者趾高气扬，却未曾留意自己的直觉。

我们几乎不可能给直觉下定义，但是，当我们走到人生的十字路口时，直觉的重要性会显露无遗。

有时候，尽管所有的迹象都将我们的道路指向同一个方向，但我们就是"感觉"不对劲。当你有这种感觉时，请听从这个声音。这个声音也许来自上天，内心深处的潜意识在冥冥之中帮助我们。

你瞧，我们习惯于按照理性思维做事情。但是，在我们身体里，还有更智慧的一部分，聪明的探险家视之为最宝贵的秘密武器，那就是直觉本能，这可是无价之宝。聪明的攀登者和探险家知道如何娴熟地运用所有的工具和技能达成目标，不仅限于显而易见的能力，像是力气、体魄、技巧。在某些情况下，越是最后的冲刺就越需要拥有超越一般的更高能力。所以，当你听到内心声音的呐喊时，不要和它对抗，它是在为你提供指引和保护。听从内心的声音，让我们在茫茫人海中找到自己——世界上有许多人在人生轨道上横冲直撞，匆匆忙忙或者趾高气扬，却未曾留意自己的直觉。

我记得有一次在北极，当我们尝试乘一只小型刚性充气船穿过冰冻的北大西洋时，我非常清晰地听到了那个声音。

那次我们被困在可怕的风暴中，气温在零度以下，刮着8级大风，而我们从格陵兰岛海岸出发已经走了400英里。在冰冷的海水中，我们与上下翻滚的海浪搏击，寸步难行。在那个最漫长的夜晚，我们与黑暗冰冷的海水不停地搏斗，让人感到海水随时都可能吞没船只，把我们带给死神。

在船上我们轮流掌舵，每当我们把性命攸关的掌舵权交给另一个人的时候，有那么一瞬间，大家都会非常紧张，直到新舵手适应那些咆哮的海浪的脾气。如果我们被海浪吞没，一定是在换舵手的时候。

有一次，我们被幸运女神眷顾。小船被整个抛了起来，所有人都被扔出了座位，然后船右侧拍击水面，所幸船没有翻，而是正面朝上。第二次，我们遭遇了同样的情况，同样幸运地躲过厄运。但是，直觉告诉我，我们不可能到第三次时还有这样的好运气。

"不能再犯错误。这次你亲自掌舵。"我听到心里的声音说。

当我准备要让我的老伙计米克掌舵时，那个声音不停地从最深处对我说："不要换人，继续掌舵，带领大家渡过风暴。"

但是我们有一张执勤表，必须坚决执行，这是我们的规矩。可是，那个声音一直在坚持。最终，透过风浪，我朝米克喊道："让我继续掌舵，相信我！"

那个晚上，米克一直在协助我。船在海浪中左右摇摆，我们极力保证不被风浪卷入海水中。米克不停地往我喉咙里灌功能饮料，帮我补给能量。

黎明来临，海面终于平静下来。第二天夜里，我们已经可以用肉眼看见远方的冰岛海岸。危险终于过去了。后来，两个队友悄悄告诉我当时他们有多么害怕掌舵，多么希望有人愿意接手替他们。我那时确实已经精疲力竭，理性告诉我应该把舵交给下一个人，但是直觉说我应该坚持下去。在我内心深处，我感觉自己当时已经掌握了如何在冰川海浪之间驾驭小船。同时，那个声音也在告诉我，我们不会有第三次好运气。

这是一次正确的决定，尽管并不容易，却是正确的。直觉并不总能引领我们走上一条轻松的道路，但是，它会带领你朝着正确的方向前进。

你潜意识中的直觉要你活下去，它要你去抗争。直觉不会被你的自我或者其他人的意见遮蔽，因为那些东西都停留于意识层面。你的本能有更直接的目的——帮助你。去倾听它，学着去发现它。当它说话时，信任它，并忠于它。

直觉即是心灵的嗅觉。所以，请相信它。

自力更生

生存训练中最有价值的部分之一就是自力更生。当没有办法寻求救援的时候，你必须完全依靠自己去面对一切，这条道理简单、真实，并能唤醒我们的自我意识和力量。懂得这一点，你就不可能因你自身的处境而怪罪他人。你不再有任何借口。

我喜欢那些关于生活的简单词语。自力更生①——再明白不过。

但是，你知道，当生活中出现问题时，有多少人都在期待其他人来帮自己解决吗？这种现象太过平常：我们好像默认，收拾残局、提供安慰都是别人应该做的事情。

似乎没人愿意自己解决难题。

不要误会。我知道事实上，许多人确实需要帮助，并且"成功"重要的一面就是去爱、去帮助那些在贫穷、疾病、暴力中痛苦、挣扎、受困的人。真正意义上的成功总是给予（后面，我将用一整篇的篇幅来讨论这个问题）。我在此所讨论的"需要帮助"并非是真正的需要帮助，而

---

① 英语原文是 Paddle your own canoe，字面意思为划好你自己的独木舟。

是期待别人来做那些有难度的工作。你也可以把它称之为懒惰。

在我们周围，总是存在这样一种对别人的期待——被期待的对象可能是老板、老师或者政府，我们总希望他们的干预能帮助我们解决健康、财富、社区生活等各方面的问题。

生存训练中最有价值的部分之一就是自力更生。当没有办法寻求救援的时候，你必须完全依靠自己去面对一切，这条道理简单、真实，并能唤醒我们的自我意识和力量。懂得这一点，你就不可能因你自身的处境而怪罪他人。你不再有任何借口。只剩下一种静默的洞察力，洞察到你自己目前的处境，以及你所希望的处境。

完成这两种处境之间的转变，需要大量切实的行动。有益、积极、日积月累的行动。阴雨天的时候，当你真的很想多躺一会儿的时候，当你的世界不停坍塌崩溃的时候，当一切笼罩在黑暗中的时候，必须行动不止。

行动是关键，行动是力量所在。做个深呼吸，微笑起来，自力更生，前进。睁大眼睛，迎接这正向你徐徐展开的旅途。

现在，你已经在体验真正的冒险，你是自己命运的主宰，不再无助地等待其他人来帮你。你不只是端着餐盘等待别人赐给你的食物。你是自己的救世主。现在你应该明白这句话了："不管发生什么，只有我可以做决定。"

感觉棒极了，不是吗？自食其力，自力更生。

接下来就是坚持下去，期待好事发生。

PART 6
塑造自我（Ⅳ）：领导力

让专家做顾问，而不是将军

专家之所以成为专家，是因为他们精通于某一领域的细小分支。领导者的责任则是突破局限，掌控全局，并合理做出决策。专家们的意见应该在适当的时候为领导者提供决策建议——只是作为必要时的顾问，而不应该成为你唯一的选择。

温斯顿·丘吉尔还提出过另一个建议是（他实在是一位妙语连珠的人）：

让专家做顾问，而不是将军。

过去，我经常把专家的话当作金科玉律，以为是唯一"正确的"答案，这让我犯下不少错误。来自专家的建议经常与我的直觉相左，一味听从专家的话时常让我陷入麻烦。如果你让专家牵着鼻子走，你离灾难就不远了。

所谓的专家可能有深厚的专业知识，但是，他们并不了解生活的全部真理，特别是针对你个人的特殊情况。

我认识一些非常富有的人，他们没有在自己喜欢的地方居住，而是选择在摩纳哥买房子，仅仅是因为会计说这样可以交更少的税。比起孩子或者伴侣，似乎会计在他们的生活中更有发言权。这无疑是一种"错误的"经济观念。

专家之所以成为专家，是因为他们精通于某一领域的细小分支。领导者的责任则是突破局限，掌控全局，并做出合理决策。专家们的建议应该在适当的时候为领导者提供决策建议——只是作为必要时的顾问，而不应该成为你唯一的选择。

所以，当你需要指引的时候，"听取"不同专家的意见，并把这些意见和你已有的知识体系结合起来，然后把它们静置一会儿，相信自己的直觉本能（上文刚刚讲过），最终做出综合、冷静的合理决策。顺便说一句，知道有什么事情是比做出糟糕的决定更糟的吗？那就是不做决定！许多人止步不前就是因为踌躇不决。

这很正常，我们总是会想如果做了错误的决定怎么办？这种犹豫归根到底是对失败的担心，但即便失败，我们也应该能够沉着应对，我说得没错吧？

失败没有关系。失败的决定总是强于不敢做决定。所以，要学会做决定——听取他人合理的建议，做出缜密恰当的决定，但不能全凭他人建议做决定。要相信自己的直觉，一旦做出决定就坚持下去。

如果你的决定被证明是错误的，就虚心承认错误，从错误中学习经验和教训，继续前进，你将更加充满智慧。

记住，正像做其他事情一样，你练习做决定的次数越多，你也将更善于做出好的决定。没有人在做决定时可以百分之百不失误，但是，总有一些人会离完美更近一些。如果你仔细研究一下这些人，我相信，你会发现他们做决定时的某些规律。

所以，聆听那些专家的话，让他们给你建议；但是你得有自己的想法和思考，清楚内心的声音，让这些指引你的选择。

学会聆听

很多情况下,我们随意地听,然后很快就下结论或者给出观点,可是,我们却没有真正考虑信息背后的含义。如果能沉下心来仔细聆听,你会发现,你听到的这些内容会帮助你更好地分析情况。

我的父母常常告诫我,既然上天给了我两只耳朵和一张嘴,就应该按此比例使用这两种器官。这个建议非常中用。

当和别人交谈时,如果你总是在想自己该说些什么,你就不能用心去聆听别人究竟在说什么。这意味着,你错过了很多重要信息。

在一个求生环境中,如果你说得多而听得少,你就会面临错过许多重要求生信息的危险,比如肉食动物在附近发出的警告,或是远处可能救你一命的水源。

生活中也是这样,当你说得过多,你就不能仔细聆听别人的话语,不能完全正确地理解别人的观点。

相反,当你确保自己听多于说,一旦你开口说话,人们就会对你所说的表现出极大兴趣。首先,他们会觉得你说的话经过了思考,很有价值;其次,他们不会对你的声音感到厌烦!

人们总是重视那些真正愿意倾听他们的人。安静、真诚、真正用心的聆听绝对是一份再好不过的礼物，你会因此受到周围人的欢迎和认可。

同时，仔细聆听也能够激发那些讲述者的激情。

倾听，不是为了简单地回应，而是为了理解。当你在听的时候，不要总是想着下一句该接什么话，而是仔细听别人的话，去感受他们的心情，以及他们究竟想表达什么。

这些道理听起来简单，但是很可惜，生活中很少有人可以做到，这在很大程度上可以解释为什么很少有人能够完全激发出自己的潜力。

你可能听说过这么一句话：空瓶子的响声最大。的确，那些最优秀的登山者、探险家以及我生活中所认识的最成功的人士，他们都能很好地倾听，而话语不多。他们总是认真仔细地掂量每一种选择，因此愿意花时间消化他们听到的信息。

很多情况下，我们随意地听，然后很快就下结论或者给出观点，可是，我们却没有去真正考虑信息背后的含义。如果能沉下心来仔细聆听，你会发现，你听到的这些内容会帮助你更好地分析情况。

我已经多次使用这种办法在荒野中成功求生。每次踏进野外之前，我总是会从当地的护林员那里得到许多有用的安全提示和求生信息。所以，一定要仔细听清别人的话语和建议，这很可能会在关键时刻救你一命。

所以，确保以正确的比例运用两只耳朵和一张嘴，多听少说，这绝对是一个成功者该有的习惯。

不要以社会地位来判断人

社会地位总是虚幻可变的,但当浮华褪去,坦率真实的个性和行为才是持久发光的。

野外探险的最大好处是它帮助人们修复了对生活的健康态度。就好像自然给我们内心的硬盘进行了一次全面的碎片整理和格式化,让所有东西都回归原位。

这种修复不仅体现在大的方面,也体现在小细节上,比如登山过程中的闲谈。我经常带队到比较偏远的地方进行跋涉,而队员们背景各异,随着旅途的深入,队员之间谈论的话题在发生变化。

一开始,大家经常问的问题是"你是做什么工作的",或者"你住在哪里",你可以感受到周围队员们内心的那个计算器在飞速运转:他可比我成功,她赚得比我多,他念过大学,她的装备比我的更好,诸如此类。似乎每个人都在衡量其他人,也在衡量自己,到底在这个幻想出来的等级结构里排在什么位置。

但是,过了几天或者几个星期之后,队员之间谈话时的内容和气氛就不一样了。你会更加在乎某个人是否是个不错的队友,是否一丝不苟地完成了自己的任务，是否是个令人愉快的人，是否尽力做好了自己的工作。

每一次旅途中，你都会被提醒，高贵并不是与生俱来的特权。

你看，自然在公平地衡量我们，所有人都回到了平等的起跑线，那些所谓的社会地位不足挂齿。你的态度决定你的高度，而不是你的过去。

自然和荒野要求我们关注当下发生的事情，它不关心你的过去怎么样或者将来会怎么样。在自然面前，我们就好像被脱光了衣服，格外脆弱。我们究竟是谁，难以隐藏。正因为如此，才更能发现我们自身的美——我们无法一直故作姿态。

人生中那些真正重要的东西，在攀登高山过程中也越来越凸显其意义。比如说，当你口渴的时候会不会有人给你递上他的水壶；当你起水疱时会不会有人将他最后一块药膏给你；当你身体疲惫的时候会不会有人帮你分担一些重量。正是这些素质，使人变得崇高。

我经常说，生活太容易变得"无聊"，我这话的意思是，很多时候，人们过于注重那些不太重要的东西。

但是，在荒野之中，生活回归或者接近于原始状态，那些无聊的事便烟消云散，就好像被风带走了一般。

记住，社会地位总是虚幻可变的，但当浮华褪去，坦率真实的个性和行为才是持久发光的。去探索你自身那些真实的品质，并去发现拥有这些品质的他人。如果你发觉自己受到社会地位、权力、名誉、金钱等虚幻的东西诱惑太深（人多多少少都会这样），就叫上几个好友一起去户外旅行回归自然，提醒自己，生命中最珍贵的东西其实最朴素。

自嘲而非嘲笑别人

自嘲而非嘲笑别人,赞美自己之前先赞美别人,友善地而不是恶毒地公开评论他人。

人们总是更容易与那些不怕自嘲的人亲近。这是人的天性——最好的玩笑永远是拿自己开涮。自嘲体现了率真的个性、谦逊的态度和优雅的魅力。

别太把自己当回事,也不要太较真。如果掉进泥坑里,赶紧爬起来,笑一笑就完事了。

相反地,我们总是会反感并疏远那些喜欢嘲笑别人的人。那些人真正的目的是想表明自己比被他们嘲笑的人优秀。如果他们这次嘲笑了别人,那么我们会很自然地联想到下次我们自己是否也会成为他们的笑柄。没有人愿意被别人嘲笑。

高尚的人总能让你自我感觉更好。他们乐于帮助别人,经常无私地给予赞美,并且他们不会通过把别人踩在脚下抬高自己。

所以,自嘲而非嘲笑别人,赞美自己之前先赞美别人,友善地而不是恶毒地公开评论他人。

我很喜欢这个观点：当你说别人时，其实是在更大声地说自己。多么贴切啊。（下一篇将专门讨论这一点。）

我的一个人生愿望是，在我的葬礼上，那些认识我的人愿意站出来说，他们从未听我说过某个人的坏话。（尽管在这个目标上我已经失败过好多次，但这仍不失为一个值得我继续努力的目标！）

像你一样，我也在努力过程中，尝试让自己做得更好。每天能够更友善，更慷慨，更少地把自己当回事。伟大的人从来不把自己太当回事，这亦是他们成功的因素之一。

就连动物也一样：即便最强大的北美灰熊，也会傻乎乎地带着它的幼崽翻滚逗乐，而不只是一本正经。这正是它们力量和魅力的一种体现。

对别人的谈论反映最真实的自我

那些目光锁定在别人外表、穿着上的人，经常是装腔作势的表面下掩盖着的最虚荣的人；那些批评别人恋爱经历的人，也经常是个人生活非常混乱的人；而那些经常谈论别人到底挣多少钱的人，总是满心怨恨，认为全世界都欠他的钱。

这是我听过的对讲闲话的最好定义："如果跟你谈话的那个人会因为你的话改变对一个人的评价，你就是在讲这个人的闲话，最好立刻停止这样的谈论。"

但是，不管可能带来什么伤害，人们总是热衷于流言蜚语（并且我们都有为此感到歉疚的时候）。

问题是，闲话不论再怎么微妙，总是会给相关的人带来伤害。或许，你认为自己不过是对某人的时尚观、择偶品位或是度假经历开了些玩笑，但是言语背后是有价值评判的。如果这个评判很残酷，那么它更多地透露了说话人的内心，而非被议论的那个人。

对别人的谈论反映最真实的自我，这句话再正确不过。那些目光锁定在别人外表、穿着上的人，经常是装腔作势的表面下掩盖着的最虚荣的人；那些批评别人恋爱经历的人，也经常是个人生活非常混乱的人；而那些经常谈论别人到底挣多少钱的人，总是满心怨恨，认为全世界都欠他的钱。

  这些人，总是希望通过贬低别人来抬高自己。现实效果则恰恰相反。你的朋友可能会假装认同你的说法很有趣，但是，时间久了，他们就会小心地提防你。很自然地，他们会想道："哦，如果他可以这么说别人，他也可能会说我的坏话。"

  所以，学会成为那种从来不在背后说别人坏话的人。人们会因此喜欢你，因为这种品质实在太难得了。记住：当你从别人身上寻找优点时，你几乎总是能有所发现。

  对了，还有，如果你能持续去发现别人的优点并且谈论这些优点，慢慢地，你会发现自己变得更加乐观积极。

  这就是不说别人坏话的回报。

让别人闪光

每个人可能都有一些比别人更精彩的故事，但是控制住自己的嘴巴，给别人一个讲好他们故事的机会，这是一种优秀的品质。

生活中我们可能都曾遇到过这样一些人，比如说，在你讲了一个自己去钓鱼或从自行车上掉下来，抑或其他好玩的故事时，他们就迫不及待要说一个比你的经历更加奇特的故事，可能是钓到一条更大的鱼，也可能是从快速前进的自行车上被甩下来。

这样的情况可能会让你觉得自己被比下去。

每个人可能都有一些比别人更精彩的故事，但是控制住自己的嘴巴，给别人一个讲好他们故事的机会，这是一种优秀的品质。

没有人喜欢那些爱吹嘘的人，不管他们钓到的鱼有多大，他们从车上摔下来的样子有多奇特，至少我更喜欢和那些愿意专注地聆听别人故事的人相处，而不是老在琢磨着怎么讲一个更好笑、更有趣、更夸张的故事，把别人比下去的人。要记住这一点：当有人给你讲故事的时候，可能是因为这个故事对他有特别的意义。我们不会去掠夺别人的财产，所以，也不要抢夺别人的成就。

没有人会不喜欢你好好坐着，享受他们给你讲的故事。记住：你不会希望总是赢过别人而身边却没有朋友！

学会换位思考

当钻进死胡同时,要想事情取得进展的最好办法有时候只需要改变方向,尝试一种不同方式。设身处地从别人角度出发,想想究竟什么东西会让他们开心?

我来讲个故事吧。如果我讲的故事足够恰当,就无须多做解释了。

有一天,风和太阳在争论谁更强大,就像类似的事情会发生在人和人之间那样。

风相信自己更强大,于是它使劲吹,直到把树木刮倒,让汽车翻跟头,将海面掀起巨浪。太阳在一旁看着。这的确是非常令人惊叹的力量。但是,太阳仍然认为自己要比风强大。

于是,风向太阳发起挑战。"看见下面的那个人了吗?"风指着一个在午餐时间悠闲地走在路上的男子说,"我要向你挑战,看谁能让他把外套脱下来。首先做到的人就是胜利者。"

太阳接受了这个挑战。风开始发力,而太阳则在一旁静静观看。

风吹啊吹,越来越使劲。但是,风越是狂躁,男子却将身上的外套裹得越紧。风又吹得更猛烈了,男子弯下腰迎向风来的方向,咬紧牙关,拼命裹紧外套来保护自己。最后，风已经精疲力竭，却依然没有成功。

轮到太阳了。太阳笑了笑，轻柔地散发它的光芒。

男子站直了他蜷缩的身体，看了看周围。他往前又走了一小段，直到看见街边的一张椅子。男子脱下外套，小心地把外套叠好并坐了下来。笑容挂在他的脸上。

你看，当钻进死胡同时，要想事情取得进展的最好办法有时候只需要改变方向，尝试一种不同方式。设身处地从别人角度出发，想想究竟什么东西会让他们开心？

通常，我们越是对别人生气，他们便只会相应地以更顽固怨怒的态度对待我们。所以，不如尝试以友好的态度对待一切！与他人交谈，倾听他们的心声，多花些心思为他们做些力所能及的事情。

因为，通常，态度友善总是比态度恶劣更有用。

没人在乎你懂多少,而在乎你在乎他们多少

不论在什么领域,作为一位领导者,向队员展示你的所知是一回事,但是才学本身并不足以令你的队伍强大,关键是你如何运用你的才学。

和我同在特种部队的巡逻士官克里斯·卡特(Chris Carter)是这句话的完美佐证。如果你有在团队中担当领导或者管理者职位的经历,向克里斯学习无私的精神将帮助你成为一名更优秀的领导者,带领团队获得更大的成就。

你能想到当克里斯把最后一滴水让给我喝的时候,我的心情是怎样的吗?感激两个字远远无法表达。

这位队伍中最顽强、最坚毅的战士对我的关照已经超出了他的职责范围。当我感受到他对我的重视和在乎时,作为回报,我绝不会让他或者这支队伍失望。

兄弟手足之谊最关键的体现常常就是这些善良关爱之举。你也可以将其称为志同道合,而归根到底的结果就是,我愿意为这位兄弟两肋插刀,这对我们双方都有利。

相似地,在山中探险时,最重要的资源就是人。事实已证明,当一

个人受到足够多的重视和激励，他将战胜那些不可被战胜的，征服那些不可被征服的事物。但是，首先，我们需要给予他们重视和激励。

一支队伍的真正价值永远不在于其拥有炫目的高科技装备或是品牌赞助商，而是人，还有维系这支队伍的人与人之间的关系。

不论在什么领域，作为一位领导者，向队员展示你的所知是一回事，但是才学本身并不足以令你的队伍强大，关键是你如何运用你的才学。

你是否用它去帮助、支持你周围的人？

你是否将他人置于比自己更高的位置？

你的胸怀是否够宽广，你的脊梁是否够坚韧，足以支撑起其他人站到你的肩膀上？

如果你的言语和行动能让别人感受到，你的确在乎他们，在乎他们的付出，在乎他们的健康，他们将追随你到天涯海角。为什么？因为他们知道，你一定会用所学、技能和力量去支持和鼓励他们。

要明白，没人在乎你懂得多少，而是看你在乎他们多少。

一次，我和特种部队的一支4人小分队共同在北非沙漠巡逻，正在等直升机来接我们，但飞机延误了。在炙热的沙漠中，当你几乎无水可喝时，48小时的延误可能会危及生命。每个人都严重脱水，身体在迅速变弱。

每隔一小时，我们从随身携带的最后一个水瓶中啜上一小口水。我们小心计算、合理分配水量，糟糕的是，我在拉肚子，这让我脱水得更快。

终于我们接到通知，将在第二天拂晓大约20英里外的地方撤离。我们在夜里收拾好行囊，开始穿越沙漠，装备和疲劳让我们不堪重负。我很快就感到难以招架。我在山间前行的每一步，都要付出巨大的意志力。

我的中士克里斯·卡特这个像熊一样强壮的人，看出了这点。他让巡

逻队停下，走到我身边，坚持要我喝下他自己瓶子里剩下的最后一口水。没有小题大做，没有惺惺作态，他只是让我喝下他的水，

是他的善意，而不是水本身，给了我力量，让我在体内空无一物的情况下坚持下去。善意激励着我们、鼓舞着我们，并形成一个强大、紧密的团队：诚实、互助、有力。

没有膨胀的自我，没有炫耀或表演，只有简单的善良。

这就是一个了不起的人的本心，我永远不会忘记那个沙漠之夜的举动。

善良的意义在于，它只需付出很少的代价，但对接受者来说却意味着整个世界。

因此，不要低估你能改变他人生活、鼓励他们变好的力量。这并不需要付出太多，但需要我们将善良这种品质视为高于一切的目标。

你想在生活和大山中成为一名出色的冒险家和探险队员吗？很简单：只要善良。

挑选善良的人做队友

你真正想从别人身上获取的东西不过是他们的善良——能相信当你陷于逆境时，他们会坚定地支持你。

在我决定带同伴进入可能威胁生命的危险环境之前，我首先要确保能在他们的简历上看到热情、技能和天分等字眼。而在我选择队员组建一支探险队伍之前，我总会关心的另一种品质就是友善。

不管穿越丛林、沙漠还是海洋，这样的野外探险从来不是简单的事情。不论我们把探险者的生活描绘得多么浪漫，当你真正乘着一艘气垫船穿行在50英尺的海浪之间，三天三夜不能合眼时，或者在野外被身上的伤困扰了整整一个星期时，真正影响重大的反而是一些小事。

你真正想从别人身上获取的东西不过是他们的善良——能相信当你陷于逆境时，他们会坚定地支持你。

让我举些例子吧。当你爬到山峰中海拔25000英尺位置，而气温已下降到-45℃，如果你没有头痛症状，头像一颗被钳子夹紧的核桃那样疼，你就不是人。产生这种症状的部分原因是海拔高度，同时因为高处空气稀薄导致脱水。所以，每时每刻保持充足的水分非常重要。要想获得水分的唯一方法就是将冰雪融化。但是，在那么高的位置，在那么低的温度下，想要把足够饮用的冰雪融化，得花上数小时。一位好的探险队友是那个把宝贵的第一口水和最后一滴水让给同伴的人。在极端环境下，这些小细节可以决定整个局面。

所以，当你身处类似环境中时，用心发现这些机会让你自己凸显出来——一个伟大的团队总是偏爱那些善良无私的登山者，因为他们才是团队真正的基石。

领导力的秘密

优秀领导力的价值是无法估量的。它的核心是用自身榜样的力量来领导，这种榜样可以是你的高尚道德、你的坚定信仰、你对周围人的关心以及你的无畏勇气。

让我来告诉你优秀领导力的秘密吧（绝不是大声地发号施令那么简单），优秀领导力的核心是关心别人，并能够激发别人成为最好的他自己。

南极探险家欧内斯特·沙克尔顿（Ernest Shackleton）经常被当作人类在极端环境中求生的伟大榜样。但同时，他也是优秀领导力的绝佳例证。

1914年，他率领船队进入南大西洋到南极探险。1915年1月，在距离南极北端还有100英里左右的地方，他的"坚韧号"被浮冰团团围住了。

一开始，沙克尔顿和船员准备砸开冰块寻找突破口，无奈冰层相当厚。唯一的办法就是等天气变暖将浮冰融化。船上所有人都明白，这样几近于等死。在零度以下的气温中，没有无线电波，也没有任何可以和外界联络的工具，不难想象沙克尔顿的船员会变得多么狂躁不安。

但是，沙克尔顿非常清楚该如何照料好船员。他让大家保持有事干，并让他们感到受重视——他们有的被安排去捕猎海豹，以获取鲜肉和脂肪，有的去进行科学研究，还有的去参加那些心理和体力上都很有挑战的游戏。

沙克尔顿清楚，他们存活的概率取决于是否对活下去抱持希望。他一人负责多人份的船上常规勤务，让船员们分散注意力，和他们谈论的话题都只围绕着成功返回家园进行。

漫长的黑暗、未知的环境、冻死人的寒冷，以及无尽的等待是非常可怕的，船上每一个人都在忍受考验意志的煎熬。沙克尔顿知道，压抑和怨怒比严重低温更可怕，也是对他们生命更大的威胁。所以，他尽自己的一切努力去阻止消极情绪的蔓延。当春天来临时，冰块的融化并未像期待的那样为"坚韧号"打通道路。相反，冰层开始一点一点地粉碎他们求生的希望：浮冰不断撞击"坚韧号"，船体逐渐沉没。

冰层如此持续撞击了数周，"坚韧号"橡木做的船体在浮冰的重击之下变得像火柴棒一般脆弱。广袤的冰川犹如白色沙漠，一片死寂，"坚韧号"终于消失在水平线以下。船员们眼睁睁看着低温和饥饿一步步把他们带向死神。此时，还有可能出现奇迹吗？

面对如此重大的灾难，一位伟大的领导人应该如何反应？

沙克尔顿让船员不要忘记希望和目标，让团队成员之间相互照顾，让大家形成一股强大的坚持下去的决心。他告诉船员们，不管前方的旅途将变得如何艰险，只有保持积极的心态，他们才有可能获救。

沙克尔顿决心无论如何都不失去任何一名队员。

在接下来的6个月中，沙克尔顿和船员们在一大块浮冰上安营扎寨，希望这块浮冰能最终漂流到大陆上。但是，当他们发现并未如愿，便决定拉动"坚韧号"的几艘救生船，一寸一寸、艰难地向宽阔的海域进发。他们仿佛巨型冷冻箱中的一丝尘埃，在茫茫大海上度过了5个昼夜。最终，他们在大象岛登陆，所有人都被冰冷的海水冻僵，浑身湿透。虽然他们来到了陆地，但岛上荒无人烟，几乎没有生命迹象。只有非常有限的补给，没有从其他人那里获救的可能。

他们的最后一个希望，是让一小队人乘救生船到北边的南佐治亚岛捕鲸站寻求帮助。而这需要大约一个月的行程。所有人都清楚，乘一艘幸存下来的小救生船穿越地球上最寒冷的海域的成功率微乎其微。

沙克尔顿本可以派其他人完成这项最危险的任务，但是，他清楚，他必须亲自带领一小队人马出征。

他们展开了人类历史上极为伟大的一段史诗般的征程，充满了对技能、耐力和勇气的极大考验。他们最终在南佐治亚岛蜿蜒起伏的海岸边登陆。

但是，一切还没结束。捕鲸站距离海岸还相当遥远，他们对岛上的地理状况一无所知。在到达捕鲸站找到帮助之前，他们必须完全靠双腿翻越岛上巨大蜿蜒的山脉，在绵延数英里的冰雪中穿行。

从南佐治亚岛到大象岛，沙克尔顿不下4次努力营救被困在大象岛上的同伴。他始终不曾放弃。

最终，经历了已知最恶劣的人类生存环境两年后，沙克尔顿靠着一些最基本的工具（记住，那时候可没有卫星导航，也没有戈尔特斯面料），让他的船员全部获救。

许多其他的探险队拥有更好的装备、更充足的补给、更方便的通信设备，但是，他们没有沙克尔顿如此优秀的领导者。

优秀领导力的价值是无法估量的。它的核心是用自身榜样的力量来领导，这种榜样可以是你的高尚道德、你的坚定信仰、你对周围人的关心以及你的无畏勇气。

远见、榜样以及关怀，这几项优秀领导力的核心素质蕴含着无穷力量。

PART 7
突破自我：逆境

舒适会让潜能沉睡

置身于舒适的环境,却失去了目标,这对于想在人生竞技场上追求目标的人来说,并不是一种安慰。

这是我生命中最沉重的一课。

事情发生在我第一次参加特种兵选拔过程中。我在一片广阔的沼泽地里迷了路,天还下着倾盆大雨,我当时精疲力竭。

时间已经不够了,我心里很清楚。

在我终于抵达倒数第二个报到点时,那里的下士让我在潮湿的苔藓地上不断地做俯卧撑,而且肩上的背包还不允许放下来。我知道这样会导致我浪费更多的时间和精力。

我觉得身体越来越虚弱,情况开始变得很糟糕。

终于结束了做俯卧撑,我开始从一条湍急、过腰深的溪流中穿过,接着通过一片及膝深的泥地,然后还要沿着2000英尺的山脊线翻越一座山峰。我要做的,就是不断向前。还有10英里,还有两英里。"放弃不会有什么好果子,"我不断重复地告诉自己,"如果我继续往前走,我一定可以顺利过关。"

但是，过度疲惫已经让我变得有些精神恍惚。我不清楚为什么会发生这种情况，但是我没办法控制自己。可能是我食物和水摄取不够，也可能是在连续数月的咬牙闯关之后，我快达到自己的极限了。

每走几步，我的膝盖就会发软，如果被什么东西绊到，我一定会摔倒。不知过了多久，我可以看见远处停着的卡车，那是终点的标志。树林里，军队炉灶中冒出的缕缕炊烟盘旋而上，直至消失。很快我就可以暖和起来，很快就可以喝到一杯热茶。这都是我迫切需要的。

但是，我到达终点时，却被告知我因为速度太慢没有通过测试。我的世界顿时坍塌了。当晚，我被安排在树林中搭建帐篷过夜，而其他人则继续在夜间行进。

第二天早晨，我要跟其他没有达标的人一起返回营地。我彻底被拒绝了。

那个晚上，我待在树林中的帐篷里，环境干燥且温暖，我的脚上起了水疱，但是已经换上了干净的袜子，我也不会受到风吹雨打。就在那时，我学到了影响我一生的宝贵经验：舒适的环境并不等于满足和快乐。

就在几小时以前，我还在期待能马上待在一个温暖、干燥、安全的环境中。可是，当我真的拥有这些，想到我那些兄弟们在进行严酷的夜间行军，我在此享受安逸，心里却只有更大的折磨。那个时候，我想没有谁会比我更希望把自己暴露在寒冷、潮湿和疲惫中。我也从未如此强烈地感到，舒适的环境和美味的食物对我而言是这么微不足道。

能置身于舒适的环境，却失去了目标，这对于想在人生竞技场上追求目标的人来说，并不是一种安慰。

请别误解我的话，拥有物质上的回报与满足当然是件好事情，在经历过风吹雨淋后，我们应该享受一些愉悦，度过一些"无所事事"的时光。但是，如果你所做的所有事情都是"无所事事"的，那么你的内心只会感到空虚而已。

所以，我又一次回到了特种兵选拔的赛场，再一次经历了长达11个月地狱般的特种兵考验，这次我过关了。当时的我，又冷又湿又乏力。正因此现在当我全身放松的时候，我仍能感受到经历了那一系列考验后的骄傲与自豪。

一旦献身于你所追逐的目标，不要被眼前的安逸和轻松所迷惑，相反，一定要更加专注于你的目标。记住，再大的痛苦也不会永远持续，但是，不停靠近目标带来的骄傲和自豪将永远伴随你。

走出舒适坑，保持适度紧张

如果你想像鹰那样翱翔于天空，坑可不是什么适合久留的地方。

有个词叫作"舒适区"，在我看来这个词的问题在于，它听上去太舒服了。当你太舒服的时候，你就容易沉浸其中，止步不前。这就是为何我把它称作"舒适坑"，因为人总是会希望尽快从坑里逃离出来。

如果你想像鹰那样翱翔于天空，坑可不是什么适合久留的地方。

我们在同一个地方重复相同事情的次数越多，在生活中错失的也会越多，相应也越难改变我们的生活。就像流水穿越岩石，做同样的事是在逐渐给自己挖一个沟槽。日积月累，小槽会被侵蚀成大沟，如果想要改变流水的流向，会更加困难。

改变旧的习惯总是需要很大的勇气。但是，一旦你决定尝试一些新的东西或者要实现大胆的抱负，你必将收获回报。你会开始感觉到自己活着。你会开始注意到周围的各种可能性。你会兴奋地发现，你能做的事情其实比你以为的要多得多。

当开始尝试新事物的时候，人们自然会变得紧张。但是，如果要说疯狂，那无疑是不断重复做相同的事情，却期待获得不一样的结果。

最重要的是，不要让紧张感阻止你去尝试那些"不可能完成的任务"。

当面对困境，感觉到害怕、发抖、无法控制，这是很正常的事情。在我每次开始攀登高峰前，或者即将从高空降落到某个丛林中时，我总是有类似的感觉。

但是，即便你心有恐惧和担忧，这也不意味着你要保持一成不变：这些感觉预示着，你马上就要开始一段激动人心的奇遇！

所以，一旦你感觉到活得太舒适，环顾一下四周，趁还未在坑里陷得更深之前赶紧逃离出去。

要想达到一个更高的高度，我们难免会经历一段有益的胆战心惊的时日。习惯它，这是所有勇士都必须学会的一课。

逆境是唤醒潜能的最好时机

当所处环境恶劣得不能再恶劣时,我们才能真正知道我们的潜能有多大。

1941年,英国正处于第二次世界大战期间最黑暗的日子里,丘吉尔却对年轻的一代说:"这是极好的日子,这是我们国家所经历的最好不过的日子。"

为什么丘吉尔会跟他们说,那些黑暗、不确定、生命无保障、自由受限的时间是他们生命中最好的日子?

他懂得,当日子艰难得不能再艰难,当所处环境恶劣得不能再恶劣时,我们才能真正知道我们的潜能有多大。

发现自己原来可以比想象中成就更多,坚持更久,这也许是生命中最美妙的体验了。而只有经受考验时,我们才会意识到原来我们可以如此光芒闪耀。尽管是老生常谈,有句话一点不假:

钻石之所以成为钻石,是因为它们经受过强大的压力。否则,它们和一堆煤渣没有任何差别。

在生活中非常有用的一招就是,将逆境视为自己的朋友、老师和向导。风暴的来袭，只为使我们更加强大。

在通往梦想的路途上，没有人会不遭遇阻碍。经验会教给你一个道理，那就是阻碍其实预示了你正朝着一条正确的道路前进。相信我，如果你发现在你行走的路上没有任何阻碍，我敢担保，你不会有什么收获。

因此，要拥抱逆境，拥抱阻碍，为你的成功做好准备。从今天开始，迎接你生命中最好的日子……

危机 = 危险 + 机遇

机遇总是隐藏在喧嚣之中。风暴能清洁海水，而风可以传播种子。

约翰·肯尼迪总统在一次演讲中提到，在汉语里，"危机"是由两个字组成，一个代表危险，另一个代表机遇。

这是多么明智的观点，因为太多时候，我们都把危机当成应该避免的事情，而在现实中，它同时包含了冒险和优势。

我并不是说要主动把生活过得像演戏那样跌宕起伏，但是，当危机来临，我们应当积极地利用它。

机遇总是隐藏在喧嚣之中。风暴能清洁海水，而风可以传播种子。

我曾经问我认识的一位最成功的人士，他成功的关键是什么。他说这个问题很简单。每一笔交易都会有危机出现的时候，这时项目会进入悬而未决的状态，在这些时刻，他的机会就来了，他总是选择在此刻出手。简单来说，他知道自己善于处理危机，并且总能收获颇丰。

大部分的人在遭遇压力时就泄气了，但是那些胜利者们却依赖压力而活。

如果我只能选择将一种能力带到野外，我会选在风暴中保持冷静。

即使你觉得自己本身并不具备这种能力，你也要学着开发自己。拥抱那些危机时刻，尽可能多地训练自己！

告诉你自己："我能应付好危机，我在风暴中很冷静。"不停地告诉自己，直到这真正成为你自身的一部分。

危险越大，成功越大

伟大的登山者知道雄伟的山峰不易征服，需要大量、持续、竭尽全力的付出。但是，大山会回报真正的付出。生活和事业也是一样。任何一件有价值的事情都需要冒险和付出。如果那么易于得手，每个人都可以成功。

在登山界，登山者对"危险回报率"都非常熟悉。

在登山过程中，难免会面临一些危险状况，这个时候，我们需要仔细衡量成功的概率和遭受寒冷、坏天气和雪崩的概率。选择的核心其实很简单：如果你不愿冒险，那么，你不可能到达顶峰。

没有赌注，就没有收获。

伟大的登山者知道雄伟的山峰不易征服，需要大量、持续、竭尽全力的付出。但是，大山会回报真正的付出。生活和事业也是一样。任何一件有价值的事情都需要冒险和付出。如果那么易于得手，每个人都可以成功。

树立远大目标总是很容易。难的是，为这个目标经受痛苦的过程。情况变得艰难的时候，你是否能够坚持下来，继续前进？

我曾经在北非的沙漠中与法国外籍军团一起进行基本模拟演习。他们告诉我，想要赢得一顶白色高顶军帽，付出的汗水需要装满1000个水桶！

相信我，一滴汗都不能少流！

如果你想知道法国外籍军团的士兵是否认为这么做值得，我现在就可以告诉你答案。不论有多么痛苦、会长多少水疱、肌肉有多酸痛，这样的状况都不会持续太久。但是，赢得荣誉、实现梦想的骄傲和自豪会跟随你一辈子。

付出越多，收获越大。所以，学会用平常心拥抱繁重的工作、巨大的困难和危险。如果没有它们，所谓的成就就失去了意义。

在至暗时刻闪耀光芒

别在困难面前退缩，它们是你展现光芒的机会。把下面这句话写在浴室的镜子上：挣扎带来力量，风暴铸就坚强。

生活不可预测，这一点确定无疑。事情不会总按照你的设想去发展变化。但是，当风暴来临时，我们应该知道的一个原则是：

最黑暗的时候也是光芒将要展现之时。

换句话说：当情况变得严峻时，迎难而上，使出你的浑身解数，向面前的阻碍显示你其实比它更强大。大自然会以其独特的方式奖励这种态度。

有时候，生活喜欢给我们一些考验。那些我们寄予希望的人或者事情并不会都如你所愿。有人可能会让你失望，你也可能会接二连三遭遇倒霉事。这应了一句老话，祸不单行。

当身处这样的境遇时，我们是选择懦弱趴下，还是选择站稳了面对？这就好比面对校园暴力者。如果你站稳了直视他们，通常那些人就不敢动你。他们在试探你究竟是哪一类人，一个顶天立地的人，还是一个无能鼠辈？

所以，别错过向全世界和你自己展现真我的机会。不管你的感受如何，不管你如何看待自己，我在山峦和荒野之间学到的重要一课是，我们人类本质上是铁骨铮铮的存在。

每个人都以不尽相同的方式做事和思考，这与我们的成长环境和生活经历息息相关。但从最根本来说，我们每个人都很坚强。

我曾经在登山过程中目睹了诸多英雄壮举，你可能很难把这些事迹和完成它们的人联系起来。所以，人类勇气的爆发是出现在特定的外部因素之下的。

你瞧，我们有些像葡萄：在你被挤压的时候，你才能了解自己的本质。并且，我也相信，大部分人都比他们自己想象的强大得多。作为在这个地球上存活了数千年的物种，这种本能一直留存在我们体内。它也许已被埋藏并布满尘埃，但无疑存在于你心灵中的某个地方——你有一颗生存者的心，一个勇敢、坚毅和强健的灵魂。

所以，别在困难面前退缩，它们是你展现光芒的机会。把下面这句话写在浴室的镜子上：

挣扎带来力量，风暴铸就坚强。

PART 8
超越自我：坚持

往前多迈一步

优秀的赛马比普通的赛马快上几秒就已经很不错了。赛马比赛中通常的情况是，第一名和第4名只相差咫尺。

猜猜看，一匹价值100万英镑的赛马，和一匹只值100英镑的赛马之间有多大差别？

价值100万英镑的赛马比只值100英镑的赛马快了一万倍，是这么简单吗？这个答案显然非常可笑。价值100万英镑的赛马的速度至少应该是100磅的赛马的10倍吧？天方夜谭。那么是两倍的速度？也不太可能。优秀的赛马能比普通的赛马快上几秒就已经很不错了。赛马比赛中通常的状况是，第一名和第4名之间只相差咫尺。

人生中的差异也是这样。胜利者和"差点成为胜利者的人"之间并没有太大差别：我们都只有一个脑子、一对起伏呼吸的肺叶、一双眼睛、一对耳朵和一张嘴。但是，那些细小的差别把胜利者和一般人区分开来。

大部分赛马都能够在比赛中跑到第4名的位置。生活中，大部分人也是这样。但是，能够最终获得冠军的是那些处于困难之地，其他人都开始松懈的时候，能够更使劲地往前多迈一步的人。

我永远不会忘记自己通过特种兵选拔那天的情景。在经过漫长而令人精疲力竭的淘汰过程之后，最初的140名候选人，只有包括我在内的4人得以幸留。我终于感受到，自己准备好接受"授勋"了。

结果，这个仪式是你能想象到的最不起眼的场面。没有喧闹热烈的号角，没有喇叭手，也没有游行队伍。有的仅是我们4个留下的人，站立在赫里福德训练营外一幢毫不起眼的小房子里。我们身上满是搏斗过的痕迹和瘀伤，都已经精疲力竭，但是，我们的心脏因荣耀而热烈燃烧。

军团的指挥官走了进来，面向我们说了这段令我终生难忘的话：

"从今天起，你们就是这个家庭的一员。我了解你们为了能够站在这里所做的付出。你们4个和所有落选者之间的差别其实很显而易见，那就是，感到快要承受不住的时候，你们有能力比别人往前多迈一步。平凡和卓越之间的差别常常只是这个不起眼的多出来的一步。"

他接着说："未来，我给你们布置的任务依然艰巨，事实上会更加艰巨，但是我们在此的工作之所以如此特殊，正是因为当绝大多数人都已经放弃的时候，你有能力往前多迈一步。"

"当别人放弃的时候，你付出更多。这就是差别。"

这短短的几句话对我的触动极大，我从未忘记。这些言语非常简单，但是，对一名年轻士兵而言，特别是对当时还不够强大自信的我来说，这些话给了我某种信念，让我可以勇敢地去牢牢抓住。

从那以后，我一直按照那位指挥官所言，在丛林里、沙漠中、山峦间或者生活中的艰难时刻里，没有忘记多迈一步，多付出那么一点点。

要想到达人生的顶峰，只需要比一般人更加坚持，多使那么一点劲儿。只需多那么一点点就够，只有那么短的距离。

拥抱失败

你需要找到一种方法帮助自己克服这种失败感。我的方法就是把失败视为通往成功的垫脚石。每当我失败的时候,我便告诉自己我离成功又近了一步,这样就会感觉舒服多了。

我总是试图避免使用"失败"这个字眼,因为事实上失败的概念仅仅存在于我们的头脑中。我给了它另外一个称呼:"一个不太令人满意的结果";还有一个更好的:"通往成功的垫脚石"。

人们常常很快就给别人贴上"失败"的标签。当有人未能达成梦想,许多人就会对此指指点点、吵吵嚷嚷。

或许,只有狭隘之人才会轻视别人。西奥多·罗斯福(Theodore Roosevelt)总统极具智慧地点明了人生的真正荣耀:

荣誉应该授予什么样的人?不是那些提出意见的批评家,也不是那些指出强者何时跌倒或者实干家应该如何改进的人。荣誉属于真正在竞技场上拼搏的勇士,属于沾满灰尘、汗水和鲜血的脸庞,属于顽强奋斗的人,属于屡败屡战的人,属于将伟大的热情和忠诚投身于有价值的事业的人。这样的人,在顺利时终将取得伟大胜利,就算未能成功也是虽败犹荣。那些冷漠胆小的灵魂将永远不知何谓成功，何谓失败；他们的人生将永远无法与这些人相提并论。

懦弱者的批评不过是他们对于自己不敢尝试、缺乏勇气这一点的自我安慰。所以，最合适（但也最难）的办法，就是忽略他们的批评。或者，更好的办法是将他们的批评作为促使你前进的动力。

所有人都必须面对批评，所有人也都要带着我们曾经的"失败"，以及别人对那些"失败"的评价继续生活。但是，请不要将这些批评视为对你人格的否定。把它们都当成一种指示标志，它们说明你正在从事正确的事情；还说明你正处于恰当的位置：在竞技场上搏斗，在战场上奋战，在通往成功的垫脚石上踏步。前面提到过的埃德蒙·希拉里、尼尔·阿姆斯特朗等人，他们都在危险和失败中拥抱终极目标。如果他们没有选择面对危险或者失败，那么关于珠穆朗玛峰和月球的故事将会是完全不同的版本。

你瞧，如果所有事情都非常容易去做，所有人都将轻易取得成功。只有冒险和不怕失败才能赐予我们胜利的机会。如果你比周围的人失败的次数更多，那么我敢肯定，你将最终获得胜利！失败、失败、再失败。听起来有点奇怪？也许吧，不过这就是打开成功的钥匙。

大胆去试吧，了解你将要面对的危险，全力以赴，稍事休息，在所有人都坚持不住的时候继续奔跑。

然后，成功就会来敲门。这是普遍的法则，世界就是如此神奇。

* * *

失败教会我们认识自己和生活，所以我们更应该拥抱失败。下面的话可能听上去有点奇怪，但是，只有当你做好准备去拥抱失败，你才可能真正准备好迎接成功。

没有什么值得去做的事情是简单容易的。每当你决定尝试某件新鲜、有难度或者不寻常的事情时，你就要准备好吃闭门羹、遭受周围人的嘲弄，或者不断被挂断电话。拒绝和失败将从四面八方向你涌来。

不管怎样，你需要找到一种方法帮助自己克服这些失败感。我的方法就是把失败视为通往成功的垫脚石。每当我失败的时候，我便告诉自己我离成功又近了一步，这样就会感觉舒服多了。

有这样一个故事：一位父亲告诉孩子，要想取得成功，必须首先尝试并且失败 22 次，在经历过这些之后，再去谈成功。

我不清楚为何这位父亲一定要强调尝试 22 次，但是他的看法绝对是非主流而正确的。这位父亲清楚，如果他的儿子失败了 22 次，那么，到一定时候，他将注定获得成功。

为了你的成功而失败。拥抱它，拥抱这 22 次通往成功的机会。

在我们所生活的世界里，盗梦者总是用失败和危险来恐吓我们，让我们不敢去大胆追逐梦想。但是，任何伟大的冒险经历必然伴随着危险和失败的可能。这正是重点所在，失去危险和失败的可能，我们也就无法称之为冒险！

所以，勇敢走出去，勇敢尝试失败……

潜能　贝尔超越自我激励法

未曾摔下马背就永远成不了骑手

不论你做什么，只要这件事情值得做，那么必定不会轻松。我们都曾从马背上摔下来过，而意外摔落在地，是学会骑马过程中必要的部分。

我还是个孩子的时候，我父亲经常带我一起骑租来的马，在我成长的怀特岛沙滩边缓行。那些时光是我童年最美好的记忆，不过有许多次我都重重地摔在又硬又湿的沙地上。

每当我快要哭出来的时候，我父亲就会为我鼓掌。

为我摔下去鼓掌？

这是为什么呢？

我父亲是想让我明白，只有当我从马背上摔下去几次之后，我才可能成为一名真正的骑手。我们在做一件事情时，只有重复过足够多次后，才可能掌握方法并且变得娴熟。这意味着，我们可能会一次次跌下马背，摔个嘴啃泥。

生活也是这样。不论我们选择了怎样的人生，这都是一门重要的必修课：不论你做什么，只要这件事情值得做，那么必定不会轻松。我们都曾从马背上摔下来过，而意外摔落在地，是学会骑马过程中必要的部分。

这正是我们进步的历程——不要害怕犯错。任何挫折和意外都是学习过程的重要部分。

前进中的步履蹒跚，教会我们更多的是如何再次坚强地站起来，而不是倒下去。

不要沉湎于曾经的错误

沉湎于错误之中，用那些曾经的错误不断自我折磨，只会带来更多错误。当你为错过太阳而流泪时，那么，你又将错过群星。

错误是用来让你学习，而不是让你沉湎其中的。如果你把什么事搞砸了，多花点时间思考下究竟是什么原因，总结一下经验教训，然后继续前进。沉湎于错误之中，用那些曾经的错误不断自我折磨，只会带来更多错误。

所以，当你深夜躺在床上，又为自己的愚蠢懊恼时，有必要提醒自己，这些错误和愚蠢可能对于别人来说完全不算什么。通常情况下，我们才是自己最大的敌人和最苛刻的批评者。已经犯下的错误就让它过去吧，不要把过多精力浪费在这上面。

客观地看待错误，谦虚地从中学习，然后积极地微笑，努力让自己变得更智慧更聪明。

是人就会犯错，没有谁会例外。所以，当有人犯错的时候，我们更应该表示理解和宽容。

有没有听过"当你陷入坑中，就不要继续往下挖了"这个说法？

这和犯错是一样的道理。不要把宝贵时间浪费在担忧过去犯下的错误上，它们不值得这些额外的关注。

昨天已经不能改变，我们可以做的事情是把握明天。

如果足够聪明，就从别人的错误中吸取教训，避免犯同样的错误。（阅读新闻就是借鉴别人经验的良好开始！）

潜能　贝尔超越自我激励法

若身处地狱，就坚持向前走

当选择放弃，我们便知道命运将会是怎样；当继续前进，我们则赢得了改变命运的机会。

不管是置身于黄沙漫天且贫瘠的大漠，还是陷入大量蚊子出没的湿地，或是浑身湿透地漂浮在冰冷的大洋之中，我总会提醒自己一件非常重要的事情。（即使是在累得像条狗，甚至精疲力竭的时候，都要记住。）这就是：

只需保持前进。继续前进。

这句话是丘吉尔在第二次世界大战最黑暗的时间里所说的。当时，战争胜利的前景非常渺茫。在1940年5月10日，英国士兵眼看着就要完蛋了，他们正面对不断获取胜利的纳粹孤军奋战。在丘吉尔上台的两周后，法国已经被踢出战争，34万名英军从敦刻尔克海岸逃离。德国人已经获得了整个欧洲的绝对掌控权。英国人似乎失去了获救的希望。

丘吉尔的反应是什么？"若身处地狱，就坚持向前走。"

成功求生的关键就是这么简单，多么鼓舞士气。你所要做的就是一步接一步地往前走。即便你不能走出太远，也得坚持走下去。这不仅是求生的关键,还是获胜的关键。

我们在生活中遭遇的各种挫折灾难和丘吉尔当年面临的情况其实并没有本质差异。丧亲之痛、生老病死、伤心断肠是人之常情,每个人都难以避免。有时候,这些事情给心理上造成的影响可以把我们压垮。但是,唯一的办法永远都是:继续前进。

当选择放弃,我们便知道命运将会是怎样;当继续前进,我们则赢得了改变命运的机会。

把它植入你的DNA:继续前进。

坚持到底，笑到最后

生活往往眷顾那些坚持不懈者，而不是仅仅资质优秀的人。正如哈里森·福特曾经说的："坚持到底，笑到最后。"

你会发现，每个成功的人都曾有过一连串失败的尝试。他们的成功常常使人只能看到片面情况，以致经常忽略了他们曾经的失败。但是，在通往成功的道路上，他们都无一例外地经历过无数次失败的尝试。

现实世界的规律就是这样：要想获得成功，你必须大胆行动，然后接受最初的几次失败。

失败本身不会带你走向成功。关键在于，失败之后你必须保持前进而不是萎靡不振。正如温斯顿·丘吉尔所说："成功是从一个失败前进到另一个失败而期间热情不减的能力。"

据我的观察来看，成功的和不成功的人之间真正的差别其实正在于是否具有不断前进的顽强精神。正如热情，要想获得成功，拥有渡过难关的决心常常比其他能力或者头衔都来得重要。

以我自己的经验为例，如果在曾经的失败低潮时期我不曾坚持，我的人生将极其不同。现在，我把那些低潮都视为我从事正确事情的记录!

就像当初我为攀登珠穆朗玛峰寻找赞助的时候,丝毫不夸张地说,我收到成百上千封回绝信。每天从睡梦中醒来,我都要面对令人无比沮丧的事实:又是一封拒绝信,又是一封空白信。许多次,我都产生了放弃攀登珠穆朗玛峰的念头。

即便如此,我内心深处依然坚信我可以去攀爬这座山峰。所以,我从来没有放弃。我不断地叩响一扇又一扇门,寄出一封又一封信,你猜怎么样?最终,我凑齐了去进行这次探险所需要的资金。

同样地,许多人根本不知道我曾在第一次参加特种兵选拔时落选了。人们很少谈论失败,总是倾向于记住成功。

经历一次特种兵选拔就已经相当辛苦,而再次挑战就愈加艰难。因为那时,你已经预料到在这个过程中,你的身体和精神将要承受多大的折磨。没有多少人愿意经历这个过程两次,因为确实很痛苦。但是,当时我已经下定决心要为之付出一切。不论经受怎样的痛苦,我都会毫无保留地为了最终的结果而付出。

于是,我再次回到队伍中,重新与140名新兵站在一起,我完全清楚,只有极少数人可以站到最后。不论这个过程有多长,我愿意为之付出我的一切。

经过11个月,在流尽了汗水,忍受了各种痛苦,被剥夺了无数次睡眠之后,我成为4个仅存的通过选拔并加入特种部队的人之一。

你必须坚持不懈,在经历几次失败之后,才可能抵达你想去的地方。学会面对失败,记住,它们是你通往成功的垫脚石。

我并不比那些落选的人更加健美、更加有力、更加聪明。我只是更坚决地愿意为这个目标付出我的所有。我记得在选拔过程中,一名士兵在选择退出后转身对我说:"贝尔,你知道我和你之间的差别在哪儿吗?

你不过是比我更迟钝而已。"

他把选拔过程中承受痛苦的能力与迟钝混淆起来了。事实上，我真正做的不过是为了通过选拔而必须做的事情——为了取得最终胜利，默默承受所有的失败与低潮。

最终，我成功过关，而不像那名士兵——尽管在当时，和我相比，他是一名资质更加优秀并且经验更加丰富的军人。

要知道，一旦选择了放弃，你就输了。但是，只要坚持，你还有胜利的机会。

生活往往眷顾那些坚持不懈者，而不是仅仅资质优秀的人。

正如哈里森·福特（Harrison Ford）曾经说的："坚持到底，笑到最后。"

永不言弃

> 坚持不懈的决心和永不言弃的态度将把你带到一个极少数人有机会能体验的地方。在那里,你会发现生活的更多乐趣。

如果说有人能够真正理解坚持的价值和重要性,此人非温斯顿·丘吉尔爵士莫属。

据说,丘吉尔曾经在哈罗公学做过一次演讲,而他只在演讲台上说了一句话:"永远不要放弃,永远,永远,永远,永远都不要放弃。"

他懂得,这句简单的话可以产生强大的效应。

不论干哪一行,如果你具备在困境中全力以赴、永不放弃的能力,这不仅会把你和一般人区分开,更会带给你一次体验更加激动人心、更加完整、更加富足的人生的机会。

坚持不懈的决心和永不言弃的态度将把你带到一个极少数人有机会能体验的地方。在那里,你会发现生活的更多乐趣。

所以,当你认为你已经穷尽所有可能性的时候,看看你的内心,并且只需记住一点:你还有办法!

你永远对是否继续坚持下去有最终决定的权利。没人可以强迫你放弃。幸运的是，丘吉尔懂得这种坚韧的斗志具有力量。

"永远不要放弃，永远，永远，永远，永远都不要放弃。"

仅仅是这一句话就够了，他的演讲不需要再多的言语。

在前景黑暗、形势严峻的第二次世界大战时期，这是他可以留给那些学生的最有智慧的几个字眼。

永远不要放弃，永远，永远，永远，永远都不要放弃。

PART 9
掌控潜能

活着，就是最好的礼物

生活，只关乎自身的成长，而非我们获得的战利品。

当我的团队从珠穆朗玛峰回来后，多数情况下人们问起的第一个问题就是："你们有没有登顶？"

我很幸运，难以置信地幸运，确实到达了那个难以企及的顶峰。所以，当我面对那些有关顶峰问题的时候，我可以回答"有"。但是，这个问题对于我的好哥们儿米克来说就要难回答得多，因为一个简单的"没有"根本无法反映他那了不起的经历。

米克或许未能爬到最顶峰，但是，他与它已经无比接近。在三个月的攀爬过程中，米克日日夜夜与我并肩作战。尽管中间出了些状况，米克仍然坚持，凭他的勇气、尊严和实力，登上珠穆朗玛峰只有少数勇士才能达到的高度，他最后爬到了距山顶 300 英尺左右的位置。

可惜，那些询问"有没有登顶"这个事实上丝毫不重要的问题的人，总是对这个过程中的经历毫不关心。

对于米克和我而言，这次征途与顶峰毫不相关。这是我们两人共同经历的旅途，每天，我们手中都握着彼此的性命，这是一次难以置信的成长之旅。而那个顶点，在我看来，只是额外的奖励。

我们回来之后，每当面对这样的问题，我总是比米克本人还要感到沮丧。他很聪明，从来不把这看作一次失败。他会告诉你，他其实非常幸运，因为他活了下来，而在那段时间里，有 4 个人都葬身山林。

在到达珠穆朗玛峰约海拔 28000 英尺的地方时，米克的氧气用尽了。他几乎没有力气移动，只能爬行。在那个高度，在极度疲惫中，米克手脚打滑，身体开始沿着纯粹的冰面向下滑落。他告诉我，当时他确信自己会死。

神奇的是，他落在山体的一段平台上，最终被两名攀登者发现并救了起来。而其他 4 名攀登者就没有这么幸运。两个人死于寒冷，另外两个掉进了悬崖。珠穆朗玛峰是个无情的地方，尤其是天气不好的时候。

几天之后，我从山顶返回，在二号营地与米克重逢时，他像是变了一个人，变得谦卑，充满对生命的感激，我从来没有如此喜欢他。

所以，回来之后，当所有人都在向他询问登顶的事情，或者同情他就差那么一丁点就能到达峰顶时，米克自己心里清楚，他差一点就葬身珠穆朗玛峰了。他明白，他还活着就是一种幸运。"失败"成为对他的恩赐，活着，则是给他的最好的礼物。

可惜，许多人永远没有机会认识这些道理，因为只有经历过一次改变命运的旅程之后才可能了解这些，无论终点站在哪里。

想想看，那些亿万富翁们飞到南极不过只为了一小时的体验。再想想那些骑着简陋的雪橇，历经艰苦跋涉，靠着血汗钱，挣扎着穿越无数英里厚厚冰层的人。很显然，是旅途造就了人。

生活，只关乎自身的成长，而非我们获得的战利品。

谦卑是成功的核心

当你把功劳都归到自己头上，或者大谈特谈自己的成功时，你就给了别人一个绝好的机会来挑你的毛病。没有人喜欢自吹自擂者。谦卑是成功的核心。

当体验到一点成功的时候，我们自然会把这些归功于我们的能力、我们的才智、我们天生的素质。没错，这些都是带来成功的部分原因。但实际情况是，每个成功的人都必然受惠于他人的帮助和支持。真正成功的人也会谦卑地承认这一点。

当你把功劳都归到自己头上，或者大谈特谈自己的成功时，你就给了别人一个绝好的机会来挑你的毛病。没有人喜欢自吹自擂者。*谦卑是成功的核心。*

我相当幸运，有机会结识这个世界上最成功的一些体育明星。你知道关于体育明星一件有意思的事情是什么吗？通常他们越是成功，就越是谦卑。

来听听罗杰·费德勒（Roger Federer）和拉菲尔·纳达尔（Rafael Nadal）是怎么谈论胜利的。即使作为世界第一的网球选手，他们仍然不忘对家人、教练、团队甚至是对手心存感恩。这让我们更加喜欢他们！

我想，这可能是因为人们都不欣赏自大的人，即便他们的成就相当杰出。

为什么会这样？也许是因为在内心深处，我们都清楚单凭自己，我们无法取得很大的成就，如果有人说自己一人独揽所有功劳，我们都不太可能相信吧。

想想人类有史以来最伟大的发明家艾萨克·牛顿（Isaac Newton）爵士，在一封写给自己老对手罗伯特·胡克（Robert Hooke）的信中，他说，如果没有前人的努力，他不可能做出有关重力的研究。

"如果说我比别人看得更远一点，"他写道，"那是因为我站在了巨人的肩膀上。"

因为这句话，我对他的敬意倍增。要知道，所有卓越的人都是站在巨人的肩膀上。这意味着，你也一样。永远不要忘记这一点。

所以，如果你真心希望成就伟业，请步履谦卑、语调柔和。当你做到这一点，说明你的成功货真价实，同时，你已经认识到真正的成功其实来源于许多人的爱与支持。

并且，保证自己说到做到，如果没有行动，一切都是空谈。

用你的成功去帮助周围的人，甚至进一步帮助任何需要帮助的人，任何你可能帮得到的人。

现在，你才真正踏上了成就伟业的旅程。明白了吗？

学会感恩

感恩，感恩，感恩：这三个词将助你生活蒸蒸日上。相信我。

据我所知，心怀感激是最好的战胜抑郁的天然良药。不过我一直没有搞明白这究竟是为什么！

但事实如此，感恩的确非常有效，知道这一点就够了。心怀感激几乎总能让你感觉更舒心。

人总有低落的时刻，特别是在遭遇困难时。但是，我们的反应和态度可以决定未来。如果我们变得气愤、刻薄或者是愤世嫉俗，猜猜事情会怎么发展？我们会把更多消极的东西卷入自己的生活里。如果我们对生命中许许多多的美好事物以一颗感恩的心加以回报，不管是我们的健康、家庭、朋友，还是我们的生命，我们就会对那些遭遇的磨难减少怨恨，我们的世界也将变得更美好。

这正是为何作为一个家庭，在我们享用饭食前，我们总是首先表达感谢，对我们所有人来说忘记琐碎的事、想想高尚的事是件好事情。在经过一天的忙碌之后，这是我们可以稍微停下来表达感谢的时候。觉得听起来很老套？但也许祖母的做事之道自有智慧在其中。

还想提一句，有时候朋友在场时，表达感谢可能会让人感到有点害羞。但是，我发现别人喜欢这种方式，尽管他们自己平时不这么做。这会形成一种良好的餐桌氛围，让一桌人走出自己的小空间，令同桌的每个人都心怀他人并且欣赏他人。

你不需要有某种信仰才能从感恩中汲取力量，这不过是宇宙的另一条伟大规则。当你心怀感激时，你的嘴角总能挂着微笑。

感恩的另一方面是，不要把生活中好的事情视为理所当然。在野外，自满可能成为最大的杀手，我已经亲眼看到过许多次。生活中也是同样的道理。

不管是妻子、丈夫、女朋友、男朋友、家人还是朋友，通常这些最亲近的人总是被迫受到我们最差的对待，就好像他们是唯一可以被我们粗暴对待的人；而我们却把最好的一面留给客户或者是我们的工作。这样的做法通常会给亲近的人带来伤害和挣扎。

聪明的人总是把最好的一面留给他们爱的人。

如果每天都对所爱的人表达感激，生活也必然回报以笑容。

感恩，感恩，感恩：这三个词将助你生活蒸蒸日上。相信我。

控制本能

地位、爱慕以及钱财都无法保障个人的成功；那三个 G（女孩、金钱、荣耀）都变化无常。

我的牧师朋友贾米对我说过，作为男人，成功以后，需要时刻警惕三个 G 可能带来的危险。这引起了我的兴趣。

他说，爬得越高，就可能摔得越惨，而这三个 G 一次又一次成为许多成功人士惨遭失败的祸首。

我想知道这三个 G 究竟是什么。他笑了笑，说："它们是荣耀（Glory）、女孩（Girls）和金钱（Gold）。想想那些因为婚外情而失去家庭的有钱人，或者那些一味追逐金钱和地位迷失自我的人。"

当你在成功之路上越走越远，有必要花时间想想这三个 G 对你意味着什么，小心它们变成你继续向前的阻碍。

别误会我的意思，这三个 G 并不总是坏事！比如我，我已经和一位迷人的女士结为夫妻，我们赚了些钱，并且这些年偶尔会获得一些奖项，感受了这些嘉奖带来的荣誉。但是，如果你变得太贪婪、太渴求，以致三个 G 永远无法令你满意，这个时候，危险就开始显现了。

牧师是在告诫我们，地位、爱慕以及钱财都无法保障个人的成功；那三个G（女孩、金钱、荣耀）都变化无常。

可是，很多男孩都渴望拥有这三个G。

我们都是人，不是吗？我们希望，进而相信（这都要感谢那些报纸和鲜亮的杂志）女孩、金钱和荣耀可以让我们感觉极好。或许如此，但只是在某些短暂的瞬间……从长远来看，我敢保证，这些都无法填补你心中的空洞。打开报纸，你就能读到因为过于追求三个G中的任意一个而迷失的例子，至于有些高知名度的足球运动员，他们在这三个G上均有沾染。

同时，我们都在不断地学习。智慧的人懂得从别人的错误中学习经验和教训。这也是那位牧师所指出的：向他人学习，永远不要自满，并且要铭记那些不断上演的危机是从何而来。

别让金钱的驱动无法控制

金钱就像河流，需要经常流动才能发挥用处，否则就是一堆死物。当河坝断了溪流的去路，溪流立刻变成一潭死水；当金钱不能用于帮助或赠予那些有需要的人，就会发霉，最后失去活力。

在我们的社会中，成功经常被错误地等同于赚钱的能力。社会过于高估金钱的价值，让我们看看是什么原因吧。

每年发布的富豪榜传递的重要信息是，比别人赚更多的钱是一件值得渴望的事情。因此我们的文化是，一旦手头有点钱的时候，我们可得把钱抓牢，不然就糟了！

同样，这种文化也在说，如果你不小心让钱流到别人那里，你就会变穷。但是，一个鲜为人知的秘密是，钱的累积与我们盛行的这种文化观念恰恰相反：只有一个人学会给予，他得到的财富才会远远超过一般水平。

让我告诉你，一心积累钱财或者死死守财不会令你幸福。事实上，如果你的眼界就是赚钱守财或视财如命，那么钱会反噬你，将你的生命变成歇斯底里的灾难。我已看过太多这样的例子。

金钱如同镜子一般，能照射出真实的你我。这也是金钱真正的价值所在，能反映它主人的品质个性。

金钱就像河流，需要经常流动才能发挥用处，否则就是一堆死物。当河坝断了溪流的去路，溪流立刻变成一潭死水；当金钱不能用于帮助或赠予那些有需要的人，就会开始发霉，最后失去活力。

人活着，一定不能吝啬于给予。金钱，不仅是用来使自己的生活变好，还应该用于帮助你身边的人。金钱的力量其实来源于其实际发挥的社会作用。

金钱就像蝴蝶，如果你一直将它紧紧攥在手中，最终会把它害死。放开双手，心怀自由与慷慨，这种精神会让蝴蝶振翅起舞，欢乐与光明就将降落于它所到之处。

你所拥有的金钱数目并不是重点，重点是如何利用手中的金钱，这样才能真的变得富有！

我想向你讲述一个人的例子，他富有得不可思议，从每个意义上来说都是这样。这个人的名字叫戴夫（Dave）。

戴夫每天都会遇到一些有需求的人——可能是个刚高中毕业的17岁少年，非常思念住在加拿大的父亲；可能是一位工作繁忙尽职尽责的管道维修工，因为工作很少有时间回家陪孩子；也可能是一位正努力做着多份工作，同时兼顾着一万件家务的母亲，希望给孩子提供像样的生活。每当这个时候，戴夫就会像超人一样冲出来给予他们帮助！戴夫通过努力工作得到了不少财富，一路走来，他懂得了一个远比金钱珍贵的道理——只有恰当地利用财富造福于人，你才真正富有。戴夫经常通过一些特殊途径匿名给他人提供帮助。他会为少年付飞往加拿大的机票，为管道维修工支付带家人度假的费用，或者送给单亲妈妈一辆车……戴夫就是这样一个人，愿意做那些超乎常规、不同寻常的事情。人们因为戴夫非同寻常的事迹深受感动。戴夫的所作所为为他赢得了许多普通民众的认可和信任，如果可能，相信会有一队拥趸追随他到世界的尽头。这不仅仅是因为戴夫给有需要的陌生人出钱，更是因为戴夫帮助他们圆了梦，这是他们做梦也想不到的。

戴夫是我见过的最快乐的人！确实，如果一个人有幸活到这种境界，怎么可能不快乐似神仙？

人是在给予中变得富有的。任何时候开始给予都不算晚。所以，慷慨地给予，不要浪费让自己富有起来的大好机会。

然后，静静期待幸福的降临。

给永远比拿愉快

把你的财产、才能或者资源抓在手中太紧，常常会让你变得不快乐。而给予给了我们体验生活中最美好一面的可能。

若你开始勤奋努力工作，并且人也不笨，你可能会发现自己逐渐拥有不错的收入。通常，人们喜欢自己做的事情，并能抱着巨大的决心，严格遵从职业道德去工作，那么经济能力的提升也会随之而来。

但是，如果希望持续获得经济上的成功，你需要有能力正确地运用它——要牢牢地掌控金钱，而不是让钱牵着你的鼻子走。

在整本书中，我一直在鼓励你，要慷慨贡献你的时间、才华和心力。这样做的原因很简单：慷慨是获得快乐的关键。

如果感受不到快乐，我们还能把成功称之为成功吗？同时，成功还有另一部分含义，慷慨对待你的财富。

我将为你展示，为什么我说贡献出一部分辛苦工作挣来的钱是保持愉悦的重要因素。

把你的财产、才能或者资源抓在手中太紧，常常会让你变得不快乐。而给予给了我们体验生活中最美好一面的可能。

我知道，金钱是一个很敏感的话题，我不可能告诉你只能用某种特定方法捐赠你的收入，或者说把钱捐给哪个慈善机构才更值得。

如果你足够聪明，能够创造自己的成功人生，我相信，你也会明白，捐赠更多是关于心灵上的关爱，而非是你实际投入的金钱数额。

（记住：有一件事情是确定的，捐赠金钱并不会把你带入天堂。天堂这样一种恩赐，不论我们付出任何代价都不可能负担得起它。但是，捐赠绝对是我们收到这件礼物的附带结果！）

当收到惊喜的时候，我们的第一个反应就是反过来表达感谢。人天性如此，所以，请追随你的直觉。

不管决定如何给予以及给予多少，你一定要确保将一些钱给那些真正需要帮助的人，这么做能使你的人生更加快乐。

帮助正从事了不起的事业但收入微薄的朋友，帮助让你感动的慈善机构，帮助被这个世界忽略的人，听从你的内心去给予——学会倾听它的声音。

用尽所有去过好你自己独一无二的人生。为什么不呢？你为之辛勤工作、纳税，你值得拥有。重要的是，还要记得不要把你的财富都藏在口袋里，而是要多多给予。

如果你这么做，反过来，这也会为你带来很多。

抱持这样的态度，你永远不会成为金钱的奴隶——你将能够牢牢地掌控金钱，而不是让金钱牵着你的鼻子走。这种态度也会保证你能把金钱作为提升你和身边人生活质量的一种资源并加以利用。请坚持以这样的心态面对金钱。

同时，这样的态度也保证你在处理和金钱有关的事情时，手不会抓得太紧，就是说你不会太在意金钱的得失，而是能够从容地把它让给那些更需要的人。

记住，给予的过程会比那些钱本身带给你的益处更多。

还要记得，任何的给予都是为了永恒，而非短暂的瞬间。

爱不需要等到有钱的时候

千万记住：不要等待，不要等到你有更多时间，有更多金钱，或者有更多体力才去行动。特蕾莎修女说过，永远不要担心你能帮助多少人。从你身边的人开始，每次能帮助一个人就足够了。

离开学校后，为了出去徒步旅行，我曾经在伦敦附近开办了半年自我防御课程培训班赚钱。最终，我赚够钱后就收拾行李去了向往已久的印度。我满怀期待，想要目睹那雄伟壮观的喜马拉雅山脉，我确信这壮丽景致会彻底将我征服，令我无法呼吸。

事实上，在印度，是另外一些事情深深触动了我的心。在加尔各答的街道上，我目睹了让我难以忘怀的场景：

到处都是断腿、瞎眼、衣衫褴褛的人，躺在污秽不堪的水沟里的人，伸着长满水疱的手臂乞讨几卢比的人。顿时，我感到内心无法承受这一切，发现自己竟如此无能为力。

然后，我看到了特蕾莎修女修道会的工作人员在为这些悲苦的生命提供微薄的帮助：清洁、安抚、关怀和爱。这些都不是昂贵的东西，但是，这些简单质朴的帮助为那些受苦的人提供了所需。这件事情让我认识到，不管口袋里有没有钱，有多少钱，我们都有能力为一个人命运的改变提供帮助。

长久以来，一提到慈善，我们联想到的总是电视募捐，或者是摇滚明星建立的基金会。其实，慈善的核心就是微小的善言善举。

不管你在怎样的环境中长大，不管你从事怎样的工作，赚多少钱，每个人都有能力去付出一点点，不管是时间、爱心，还是能够倾听他人内心需要的耳朵。

千万记住：不要等待，不要等到你有更多时间，有更多钱，或者有更多体力才去行动。特蕾莎修女说过，永远不要担心你能帮助多少人。从你身边的人开始，每次能够帮助一个人就足够了。

这是个很棒的建议，当拥有更少而给予更多时，真正的成功就会离我们更近。人们将报答你的爱心，你的使命感和成就感也会逐渐提升，你给这个世界带来的影响也将超越纯粹的物质。

做到这一点，人们会更尊敬你，你的生活也会变得更有意义。

我还处于实践这个道理的过程中，不过，我相信能启发更多人参与其中，会使更多人受益。

寻找身边那些需要帮助的人 —— 他们离你并不遥远 —— 你的生命将更有意义。

只有当你把这一点作为生活态度真正践行时，你的成功才有意义。

传递爱，传递正能量

你没法阻止善良的人去做好事！爱就像一股清泉，慢慢向四周涌开。你付出越多，收获才越丰富。

如果要说一件与主流文化相悖，但对个人发展非常有益处的事情，我想莫过于成为一名志愿者了。这与"要想得到，必先给予"的人生道理不谋而合。

当人们自愿花费时间和精力去帮助他人，他们总会获得回报，并变得更加富有、快乐和满足。

作为英国童军总会总领袖，我有幸拜访了全球各地的童军分会。我在各地见到了那些充满希望和抱负、勇气和欢笑的年轻人，他们随时准备造福社会。和他们接触，总能让我感受到他们身上的那股能量，让我深受鼓舞。

童军实实在在是一个了不起的组织：在全球范围拥有2800万人的规模，组织的设立和活动计划均是遵照高尚的道德品质和自愿精神服务社会的。这些特质加在一起，足以使其成为最强大的志愿组织了。

作为总领袖，我最重要的任务就是激励那些年轻的童军成员，与他们共同面对困难，分享我的技能，激发他们的希望和期许。这是一个需要付出时间、爱与能量的志愿者角色。

但是，须知我才是那个最受启发的人。一次又一次，我获得惊喜，被感动，受鼓励，每次活动都不例外。这正是志愿活动带给我的回报。当你付出，必然收获。

志愿服务，是童军训练中很重要的一部分。直到如今，每当一名童军宣誓加入组织，都要承诺自愿帮助别人。他们也确实是如此行动的：几乎一半的童军都会在其生活的社区进行志愿服务，不管是在医院帮忙，还是去保护野生动物，或是照看孤寡老人。

你没法阻止善良的人去做好事！爱就像一股清泉，慢慢向四周涌开。你付出越多，收获才更丰富。

我将志愿行动视为性格塑造工厂。它教会我们，生活中有比拥有最新款衣服或者获得晋升更有意义的事情。它提醒我们，当我们为了一个共同的目标奋斗，去扶助、激励他人时，我们才是最快乐的。

同时，志愿活动给了你机会，让你跳出日常的生活环境，接受一些新的挑战，甚至可能要面对棘手的事情。这些经历对作为自然人的你总会有所帮助，对你品质的培养亦有益处。只有我们面临挑战时，我们才知道自身拥有的潜能；当我们一次次战胜眼前的困难，我们的信心也会逐步增加。

我知道，每个人的闲暇时间都非常有限，但我也知道，那些默默付出聪明才智的志愿者们都是忙人。他们是行动派，愿意脚踏实地做事，非常乐意帮助别人。他们在志愿行动中收获颇丰，金钱和言语都不足以去衡量。

我还发现，腾出时间做事情，和一个人本身的工作量其实没有太大关系；而是与做工作的人，以及他们如何管理安排生活有关。

所以，尽力规划好你的工作。首先把那些贫乏无味的部分迅速完成，然后你就可以有效安排时间，更加有创造性地利用剩余的时间。让志愿服务成为填充你这部分时间的内容吧。

一周抽出一小时足够改变一个人的生活——静候这一小时，看看它将带来的改变吧。

PART 10
引爆潜能的法则

5F 法则

真正的成功，是看我们在多大程度上可以影响和丰富他人的生活，看我们是否能让那些失去希望的人、被世界遗忘的人重获机会。

我父亲总是跟我说，生活美满就是"照顾好你的朋友和家人，并且有勇气追求梦想"。这就是他对美满生活的总结。

幸运的是，他对这些朴素价值观的重视，远胜过对我那并不总是令人满意的学习成绩的重视。我总是尽量按我父亲的建议去做，并且，我还把他的教诲稍做改动，使其更进一步……

每当年轻的童军成员或者探险新人询问我完满人生的秘诀，我就告诉他们简单的 5 个 F：

家庭（Family）

朋友（Friends）

信念（Faith）

快乐（Fun）

追随你的梦想（Follow your dreams）

这些东西都不需要考取学位才能获得，它们都在我们的可及范围之内。只需把它们作为优先考虑的事情，将它们写在浴室的镜子上，让它们浸入你的潜意识，很快，它们就能成为引导你做出正确人生决定的指南针。

面临重大选择时，只需问问你自己：这样的选择对我的5个F来说，有好处还是坏处？

家庭就像软糖，基本上满是甜蜜，但是偶尔里面也包着硌牙的坚果！但是，不管怎么说，家人总是我们心中最亲近、最珍视的人，当我们为家庭投入时间和爱，我们就能更强大。友情也是如此。

拥有一些好朋友，一起去分享人生历险中的欢愉，一起去承受那些不可避免的困境。永远不要低估好朋友对你的意义。

信念也很重要，它是我生命里的支柱和源泉。

快乐是价值所在。人生应该是一场冒险。你应该享受其中的乐趣，明白吗？你要确保自己每天都有快乐的收获。记住，我说的是每天！

最后，追随你的梦想。珍惜你的梦想。它们像珍珠一般落在你的生命里。它们非常强大，有着改变人生的作用：别小看那些有梦想的人，他们总是有胆量去闯，去实现梦想。

这5个F会一直支持并滋养你，据我所知，如果你把它们作为优先考虑的事情，你将拥有一个精彩绝伦、激动人心、快乐无比、丰富完满的人生。

最后，一定记住，人生游戏的终极胜利永远不可能只来源于你积累的财富、手中的权力、享有的地位，或是名誉虚荣。这些都是徒有其表的虚无。相信我。

真正的成功，是看我们在多大程度上可以影响和丰富他人的生活，看我们是否能让那些失去希望的人、被世界遗忘的人重获机会。这一条不仅是远远高于金钱财富的人生评判标准，也是值得我们期望实现的伟大的目标，我们可以从遵循5个F开始向它迈进。

童军 4 原则

在关键时刻，我们的一举一动暴露了我们的本质，他人对我们的印象和评价常常来自重要关头时我们的行动和表现。

童军的价值理念作为童军传统的一部分，一直在年轻一代中流传，并且激励他们为实践这些价值理念付诸努力。这些价值观，或者说童军的原则理念是 100 年前由童军创始人贝登堡（Baden-Powell）爵士写下的。至今，这些原则和理念仍然像当初那样，与现实密切相关，且鼓舞人心。

其中的 4 个原则特别值得我们用心领会。

1. 第一个，也是最广为人知的 —— 时刻准备着。

我的一位教官常常说，如果你不懂得提前做计划，你就是在计划失败。做好充分准备从来都不是浪费时间。

在我们挑战攀登任何一座山峰之前 —— 不管是真正的大山还是你心里的那座大山 —— 我们需要尽可能充分地做好准备，这意味着要未雨绸缪。

当有情况发生时，具备适合的工具并懂得如何利用这些工具，可以对事情的发展产生巨大影响。比如，你是否能够在黑暗中分秒必争地搭好帐篷？如果你是一名战士，蒙住眼睛后你是否还可以组装好来复枪？

准备工作的重要部分就是不断练习，正如人们所说，你练习得越勤奋，你就会越幸运。

你练习的次数足够多，你就会更熟练。当你练习过多次，你就会成为专家。就是这么简单。也许你会问，那么为什么我们没有都成为专家呢？原因很简单，大部分的人都懒得练习。

记住，光有想赢的念头，而没有练习的决心是没用的。如果你想为攀登大山或者完成某项任务做好准备，你必须亲自上阵，准备好吃点苦头才行。训练身体，保持体力，以最佳状态为胜利而战。

心理上也要有所准备，清楚你可能需要回答的问题，或者需要谈论的话题，然后不断重复练习。

2. 练习，练习，还是练习。

练习的一个重要部分是将过程视觉化，这是所有运动员最强大的武器。学会在头脑中将要完成的任务以慢动作形式完美地演练一遍。这样的视觉化练习能在头脑中打开新的神经通道，当你真正面临挑战的时候，大脑就感觉好像经历过很多次类似的挑战了。

这种提升获胜优势的方法不是很酷吗？

你可以问问约翰尼·威尔金森（Johnny Wilkinson），视觉化练习对他在橄榄球世界杯赛上最后那记决定性的落踢射门有多么重要！在此之前，他已经在头脑中将完美的落踢射门演练成千上万次了。

多么有用的行业技巧啊。泰格·伍兹（Tiger Woods）把他的高尔夫技巧80%归功于视觉演练，他在高尔夫球场上还没有过不尽如人意的表现。

所以，一定要牢记：准备是关键。充分且聪明地做准备，一定会带来成功，而不用依靠好运气。

3. 成为值得信赖之人。

这是童军的基本原则之一，也是收获真挚友谊、获得商业成功、享受一段美好人生的绝对关键。

成为一个值得信赖的人，不仅意味着要信守承诺，还意味着要时刻言而有信。如果你说过要做什么事情，你就要去做。言语是有力量的，人们常常会通过我们的语言表达来认识我们。

一个值得信赖的人不会说谎，也不会泄露秘密。只说实话，不要背叛别人的信赖。如果你这么做，别人就会愿意信赖你。别人信赖你，他们便希望你能常常陪在身旁，会愿意和你一起工作，你将因此获得一生的友谊和人生奇遇。

努力成为一个值得信赖的人吧，拥有这种品质也许并非如你所想的那么容易。

4. 保持忠诚。

这是童军的另一条基本原则，也是我高度推崇的一条。忠诚需要勇气，因为太多人会随大流而摇摆不定。

我有个朋友，因为主持一档全球知名的电视节目而家喻户晓。因为犯了一个公开的错误，他经历了职业生涯里一段非常艰难的时期。他被暂停了工作，声誉一落千丈，他数百万的拥趸和朋友都背弃他而去。他自己清楚，他这次犯了大错。

但是，谁没有犯错的时候呢？我们都曾有过，而且不止一次。错误总是令人尴尬的，不是吗？对大部分人而言，犯错是私人的事情，没有几个人会知道。但是对名人来说，这种压力是相当可怕的。相信我，这些年里，我也犯了一些错误。

当全世界都看见你犯下的错误，并且对此指指点点时，性质就变得完全不同了。

我记得我给他打了个电话，说："振作起来，谁没干过些糊涂事？你已经道歉了，我们都很想念你，如果你需要任何帮助，随时让我们知道，任何帮助。"电话那头沉默了。然后，朋友非常谦卑地说："平时，我的电话总是响个不停，那些'朋友'和同事们向我要各种东西，或跟我分享各种东西。但是，自从出事后，我就像失联了一样。他们再也没有音讯。谢谢你关心，非常感谢你给我支持。这对我来说非常重要。"

做一个忠诚的朋友，并不意味着必须宽恕错误。这与错误本身无关，而是关乎那个人。保持忠诚，意味着当别人有需要的时候，我们可以做个称职的朋友，提供帮助。

我喜欢这样一句话："好朋友是当全世界都离开你的时候，他还走近你。"

我们生活在一个变幻无常的世界里，如果我们不喜欢某样事物，那么马上会有一大堆诱惑争先恐后地想替代它。这个道理适用于许多方面，不管是一双鞋，还是我们的婚姻。讽刺的是，我们越是追求完美——不论是对我们自身，对身边的事物，还是对别人——我们越是难以得到满足。

尽管忠诚听起来有些老套，但是，在当今社会，这恰恰是最需要的品质。任何一个曾经被朋友辜负的人，或者在困难时刻接受过朋友帮助的人，都会相信这一点。人生就是各种关系的总和，而只有保持忠诚才能建立牢固长久的情谊。

在关键时刻，我们的一举一动暴露了我们的本质。他人对我们的印象和评价常常来自重要关头时我们的行动和表现。

童军成员都要学会忠诚，尤其在危机情况下。人们会记住这样的忠诚。

三种关键品质

当我回望那些我所敬重的卓越者时,我发现不管他们具体从事的专业领域是什么,我都能毫无例外地看见这几种品质在他们身上熠熠闪光。

如果在关乎个人生活和职业生涯的成功品质中挑出三种最关键的,我想,无非就是下面这三种了。培养自身的这些品质将帮助你收获信任与成功。

1. 一定要言而有信。

言而有信,在当今社会,听起来有点陌生了。人们轻易地答应、许诺、发誓,好像即使失信也无损于自己的信誉、名声或是成功。

但是,如果能在别人眼中成为一个简单纯粹、信守承诺的人,你就会像一束光照耀着别人心房,人们会愿意聚集在你周围。

这意味着,别人能够信任你,愿意相信你,乐意与你共事。攀登高山时,你说我会愿意与在任何情况下都能说到做到、处变不惊的人结伴而行,还是愿意与经常健忘、摇摆不定、容易放弃的人绑在一起?

这个问题并不难回答,但是言而有信有时候很难做到,尤其是当我们的主观感受或者客观环境跟我们作对的时候。放弃或者让别人的期待落空总是一条容易的退路，不过正因此，这是懦弱者的选择。

将此作为人生的一条简单准则：要言而有信，看重承诺，一定要说到做到。

这是让你能脱颖而出的简单方法。

2. 永远不能欺骗。

在生活中的每一天，每个人都面临许多次选择，是保持诚实，还是撒谎？大部分情况下，这些选择都微不足道，不会造成重大影响。但是，即使这些事情本身并不重要，我们要养成诚实的习惯这一点却非常重要。如果在小事上我们值得信赖，当大事来临，别人也会更愿意信赖我们。

当发现别人有一丁点不诚实的迹象，我马上不自觉地想躲开他们。如果我目睹他们对别人不诚实，我自然怀疑他们也会对我不诚实。人生短暂，我们没有那么多精力可以消耗在应付欺骗上，因为欺骗将轻松盗取你辛苦经营而来的成功。

所以，学会判断人，并且自己做一个诚实的人。人们会注意到你、欣赏你并愿意信赖你。

3. 临危不变。

最后一个我想说的品质是，成为在危机中能持续拼搏的人。

任何冒险、商业活动或者是登山之旅，都蕴藏着危机时刻——这是获取成功的前提。所有事件中都会出现一个关键时刻，一切都悬而未决。这正是你散发光芒的时刻。

危机时刻很少会超过 24 小时，但是你在这短短 24 小时之内的反应和行动却能决定整个事件的形势和命运。

所以在这种情况下，准备好，想清楚，然后坚定地行动。

危机解决之后再考虑休憩。不要松懈，努力不止，直到拨云见日。扮演船长的角色，在前方领航，团结所有船员，拿出你所有的补给，与队伍并肩作战，在船舶安全驶进港口前绝不松懈。

这是你的时刻。挺起胸膛，抑制内心的惧怕，握紧缰绳，奔向终点。

还有，绝不要陷入惊慌！没有什么比惊慌失措更糟的事情了，它只会让大脑被恐惧侵蚀。所以，在你感觉到内心的恐惧增加时，立刻把它压下去。告诉自己，你需要保持抖擞的精神，让那些讨厌的无益想法都滚到一边去，然后专注于你手头的事情！

当你精疲力竭胜利归来的时候，带上另一半、团队或者伙伴出去庆祝吧！你值得拥有这一切。在风暴中，你彰显冷静；在战场上，你彰显决心；在危机中，你彰显坚毅。

再次强调，人们会因为你值得信赖而记住你。每个人都愿意与那些生活中的英雄交朋友。

现在，我想你们都学会了我总结的三种神奇品质，它们值得你铭记于心。当我回望那些我所敬重的卓越者时，我发现不管他们具体从事的专业领域是什么，我都能毫无例外地看见这几种品质在他们身上熠熠闪光。

一个核心要点

正如这样一句话所说：今天是你余生中的第一天。勇敢地去生活吧。

我的最后一个建议是：有效利用时间。

与才智、金钱、运气不同，有一种资源每个人都平等地拥有。每个人每天都有 24 小时，而如何度过这 24 小时决定了人生境界的不同。

时间是宝贵的资源。改变自己利用时间的方式，就等于改变了人生。

每天的生活都由许多个微小的决定组成。如何度过每一分钟决定了如何度过每一小时，最终，如何度过许多个小时决定了是否能够达成目标。

所以，明智地利用时间。

人们总是很小心翼翼地、有计划地花钱，但是却通常不太珍惜自己的时间。可惜的是，再富有的人也买不回已失去的时间。对我自己来说，促使我更好利用时间的有效办法，是想象当我老去的时候我会有怎样的感受。我究竟希望自己曾经把时间花费在为某个大型公司实现宏伟目标上，还是花在实现我自己的人生目标上？没有人愿意在生命快要终结的时候，发现自己大部分的人生都在办公室里度过！

相反，人们希望与家人、孩子、朋友一起度过更多美好时光，希望用更多时间追寻自己的梦想。这样的想法指导着我的选择。

同样，如果我们太懒惰，或者花太多时间在看电视、玩电子游戏上，当我们回头审视人生时，心里应该不会有太多自豪感。

所以，聪明一点，把时间看得比金钱更宝贵，仔细想想你应该如何度过今天。这宝贵的 24 小时可不是被用来挥霍的。

正如这样一句话所说：今天是你余生中的第一天。勇敢地去生活吧。

结　语

PART 10　结　语

破碎的罐子才能折射更多光芒

我希望在本书的最后聊聊人性和谦虚。

在人生的游戏中要想获得成功,需要知道的一条重要规则是,我们并不需要把生活中的所有部分都好好地密封包装起来。事实正好相反。

如果想要选择一种充满冒险和冲击的生活,我们需要的仅仅是意志,然后开始动手干。迈出第一步就是一种力量,剩下的只是过程,毫无疑问这可能艰难并且充满挑战,但是仍然是一个过程。我们只受自己的勇气、韧性和眼界的限制。

我们都可以拓展自己的边界,去造福社会,给他人带去力量和鼓励,让更多生命变得更好。

而这些都不需要我们成为一个条理分明的完人。

人生是一趟旅程,我们每天都在学习进步。学会拥抱人生,拥抱成长中的疼痛,因为这也是生活的一部分!

最后记住,破碎的罐子才能折射更多光芒,并且我们多多少少都有些残缺。有时候,正是残缺将我们点燃。

只有当我们认识到自己需要改变时,我们才能开始成长。

祝福你独一无二的历险就此开始……